Questo libro appartiene a:

_____

_____

_____

© *Nest ABCD Publisher*

Tutti i diritti riservati. Nessuna parte di questa pubblicazione può essere prodotta, distribuita o trasmessa in qualsiasi forma o con qualsiasi mezzo, incluse fotocopie, registrazioni o altri mezzi elettronici, senza il previo consenso scritto dell'editore, ad eccezione di brevi citazioni nelle recensioni e di alcuni altri usi non commerciali consentiti dalla legge sul copyright.

Grazie per aver scelto il nostro libro

Il nostro obiettivo è quello di fornire il miglior compagno di lettura per tutti i nostri clienti.

La nostra più grande soddisfazione è quella di aver creato il libro adatto con la massima attenzione ai dettagli, una stampa chiara e nitida, carte di alta qualità e dimensioni perfette.

Se vi piace , Si prega di considerare di lasciare una commenta in <u>Amazon</u>

אלף בית

א ב ג ד ה
ו ז ח ט י כ ך
ל מ ם נ ן ס ע
פ ף צ ץ ק ר ש ת

א Alef

ארנב

בּ Bet

ברווז

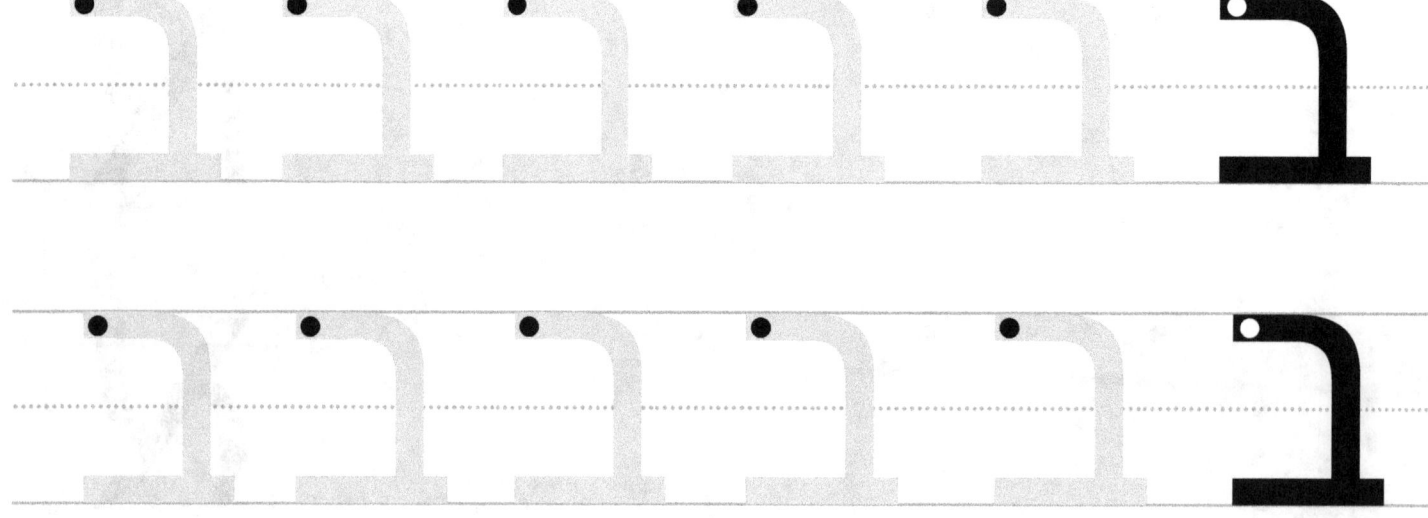

Gimel

גָּמָל

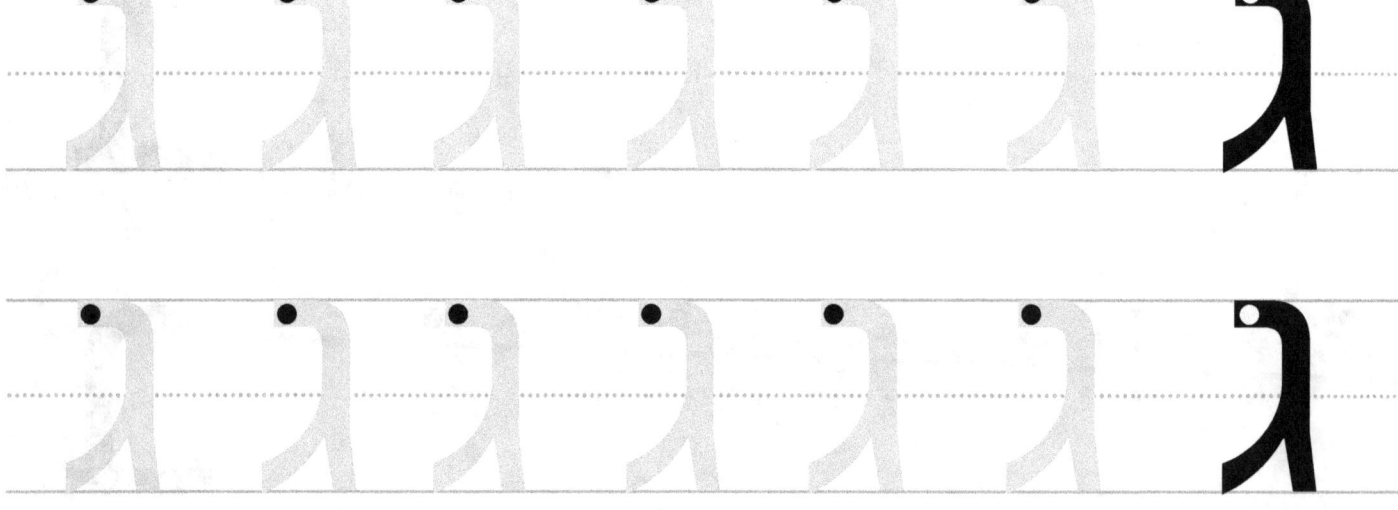

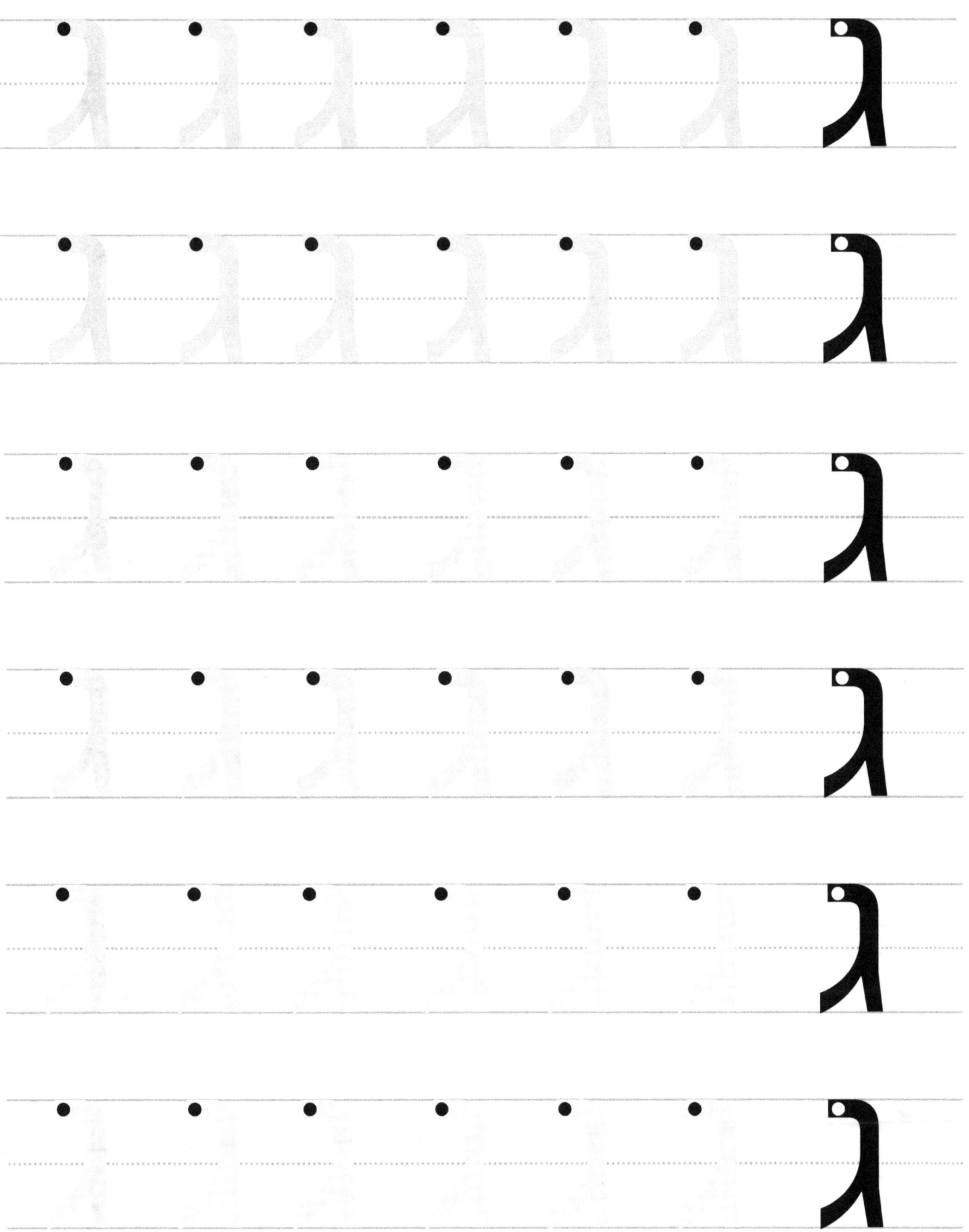

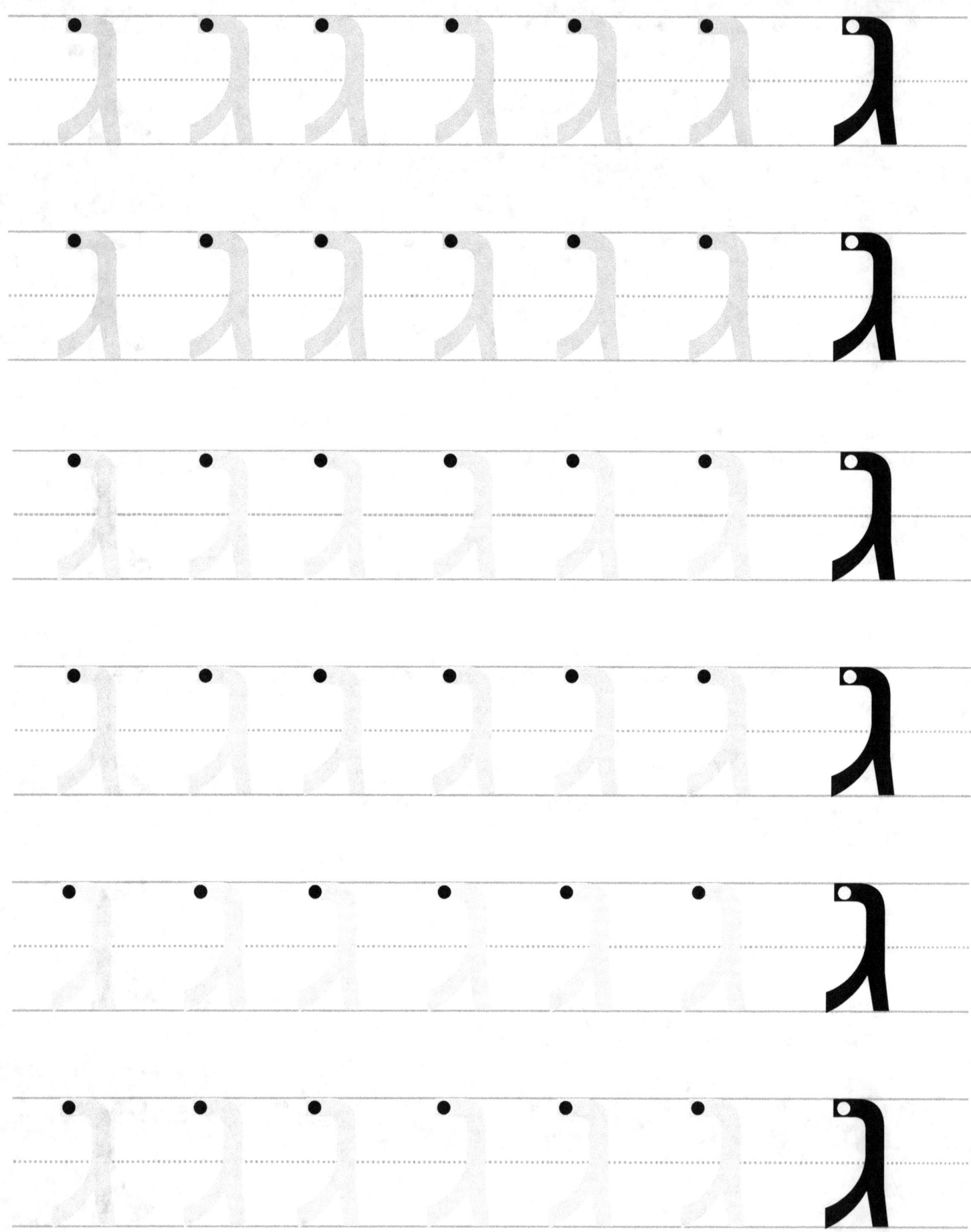

ד Dalet

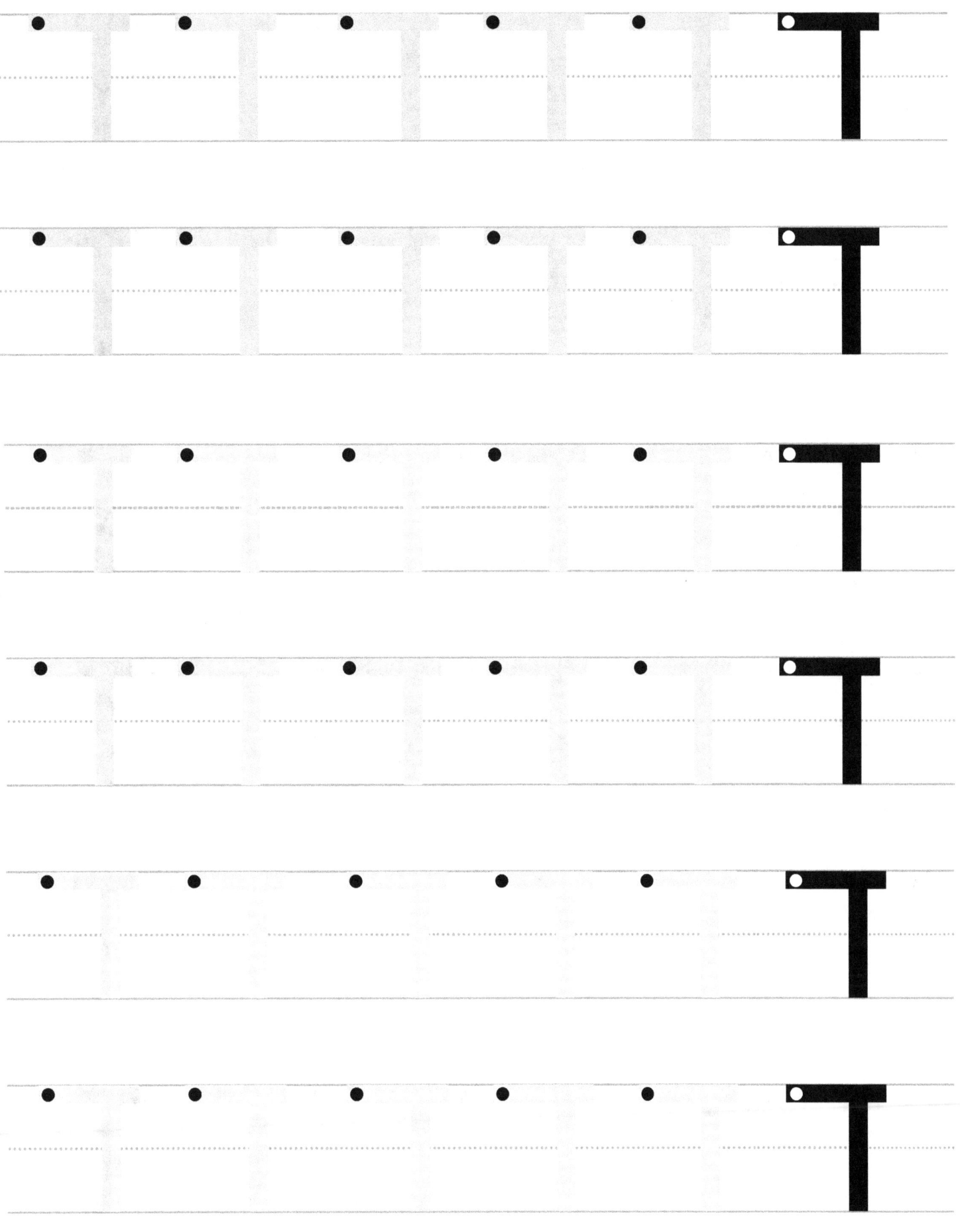

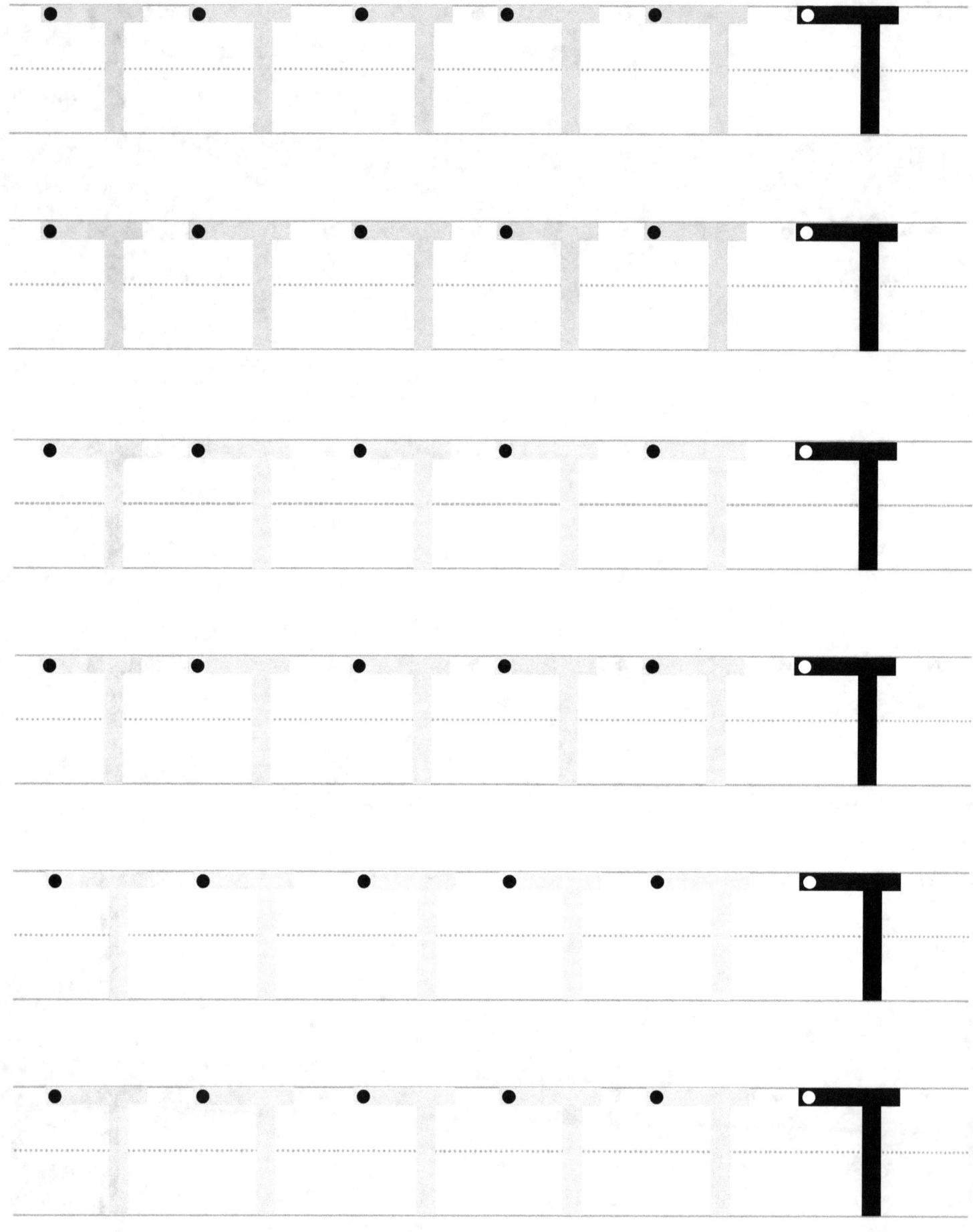

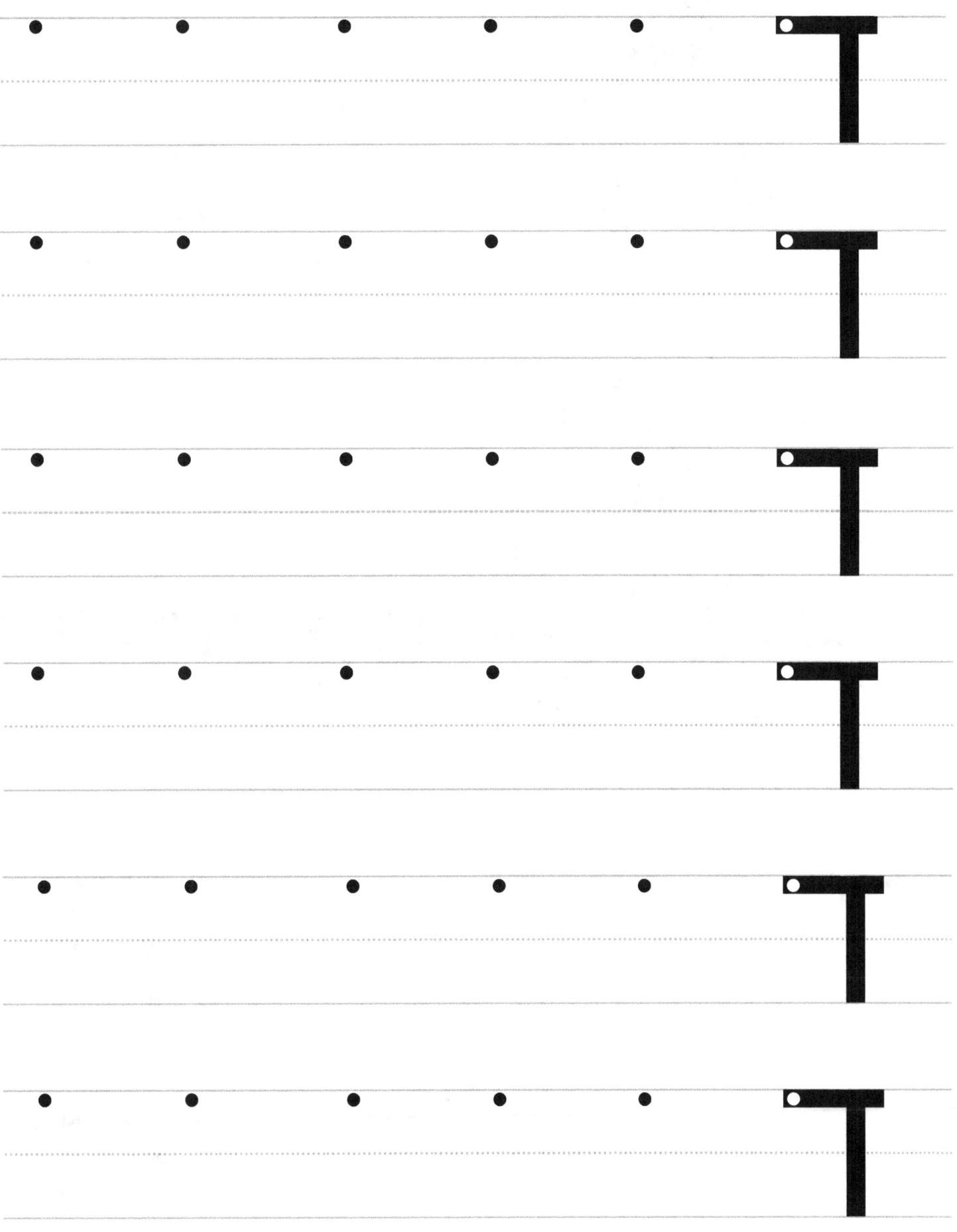

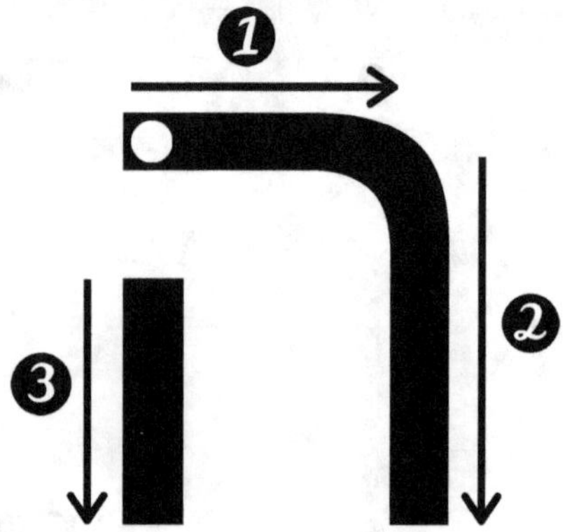

He

היפופוטם

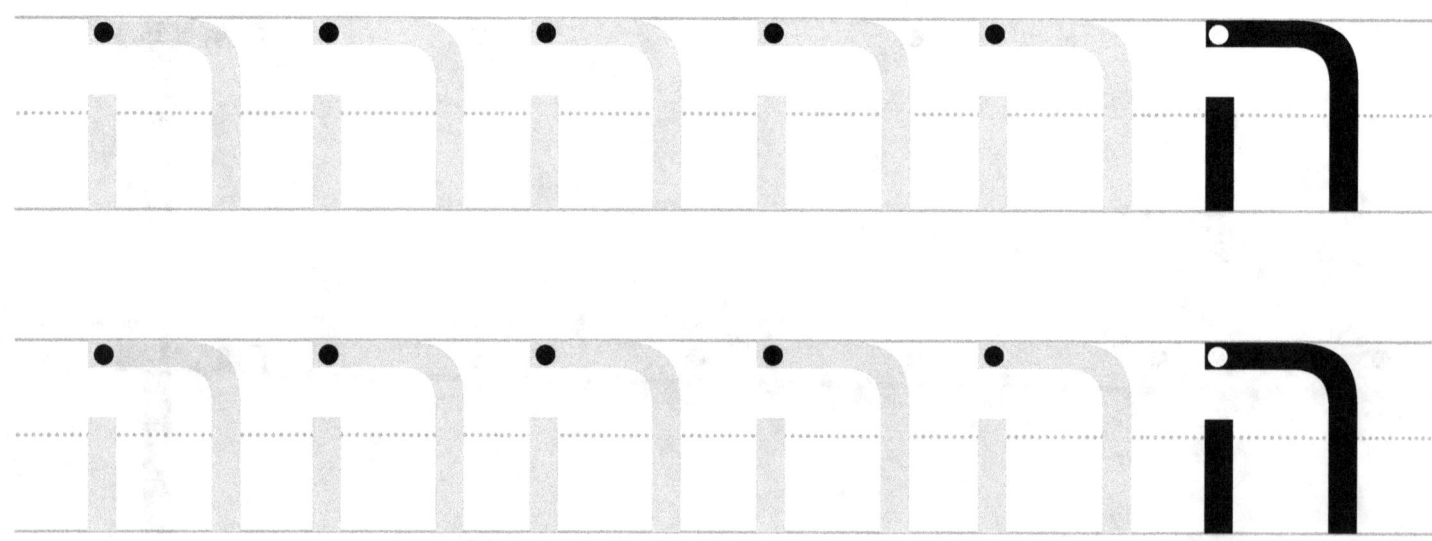

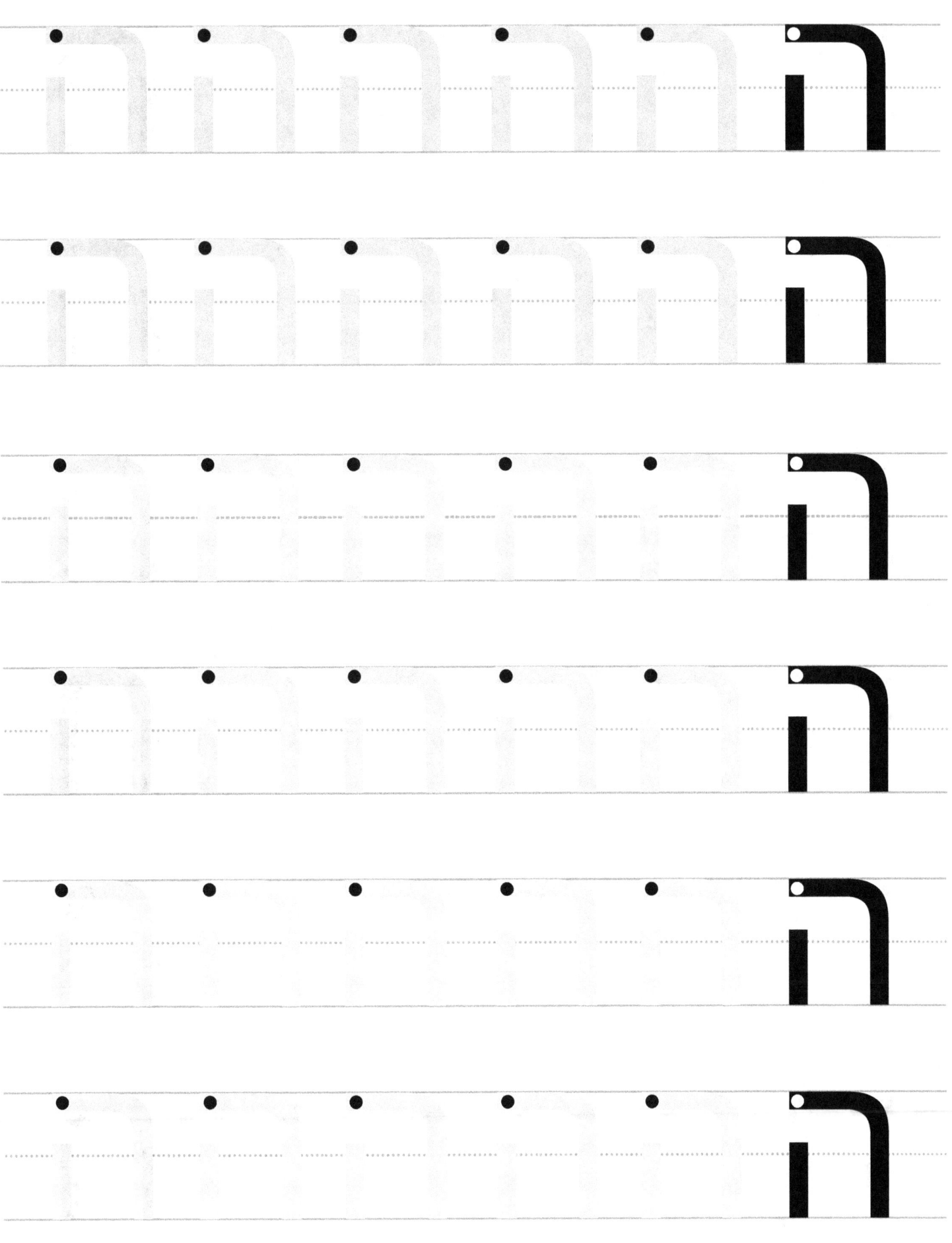

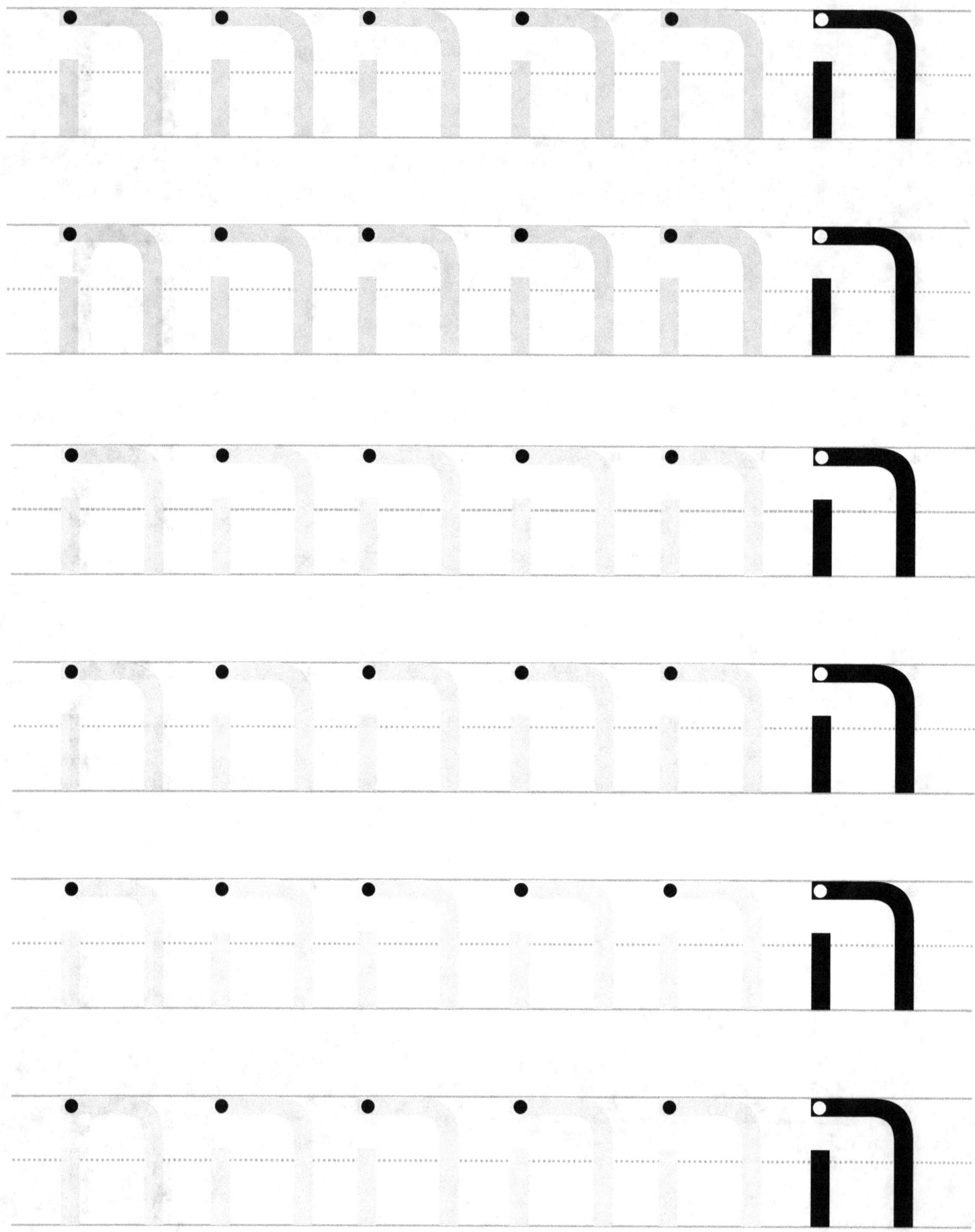

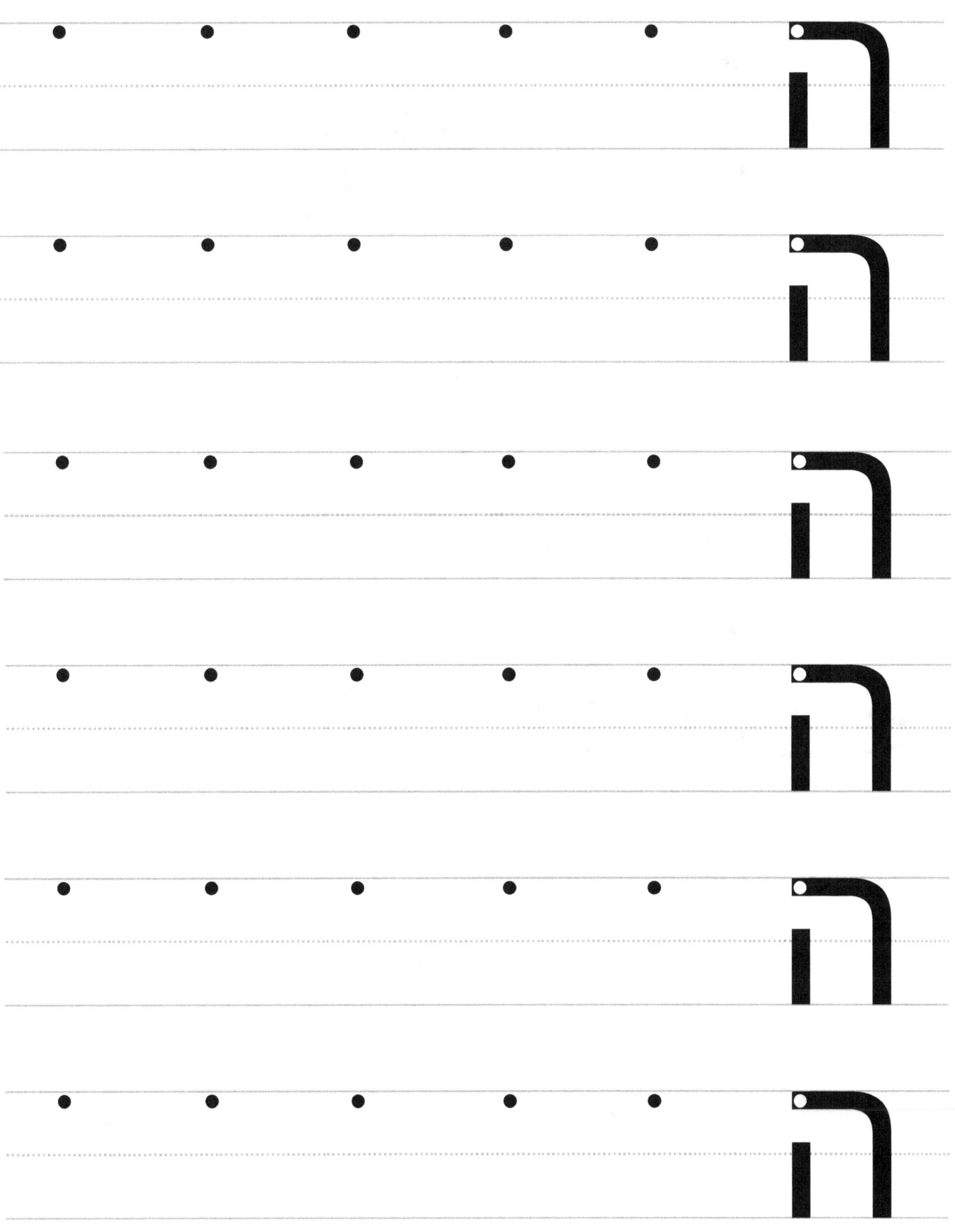

Vav

וואלאבי

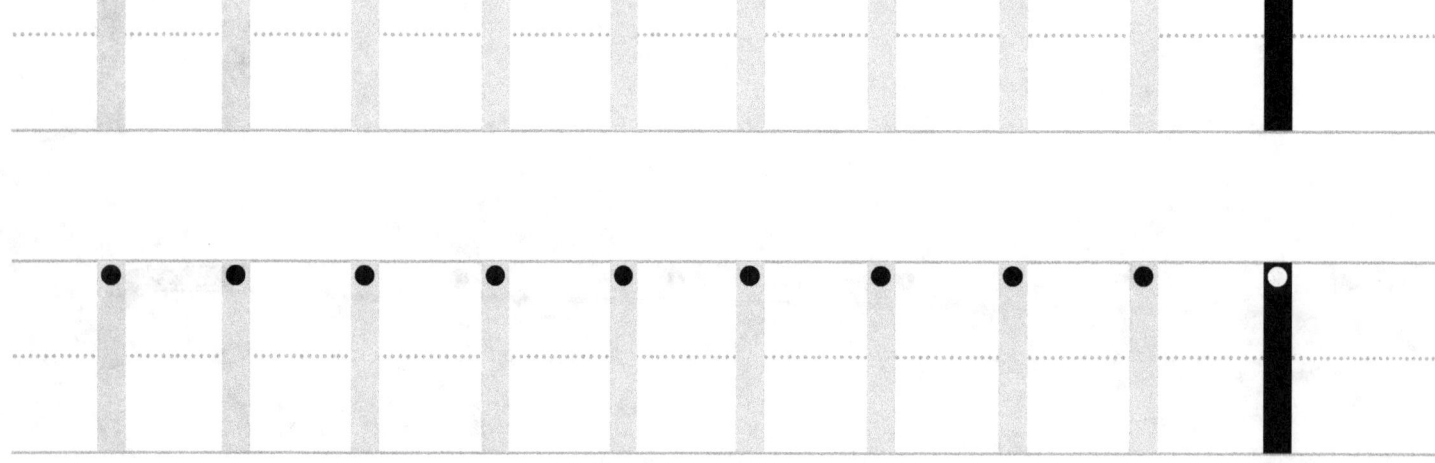

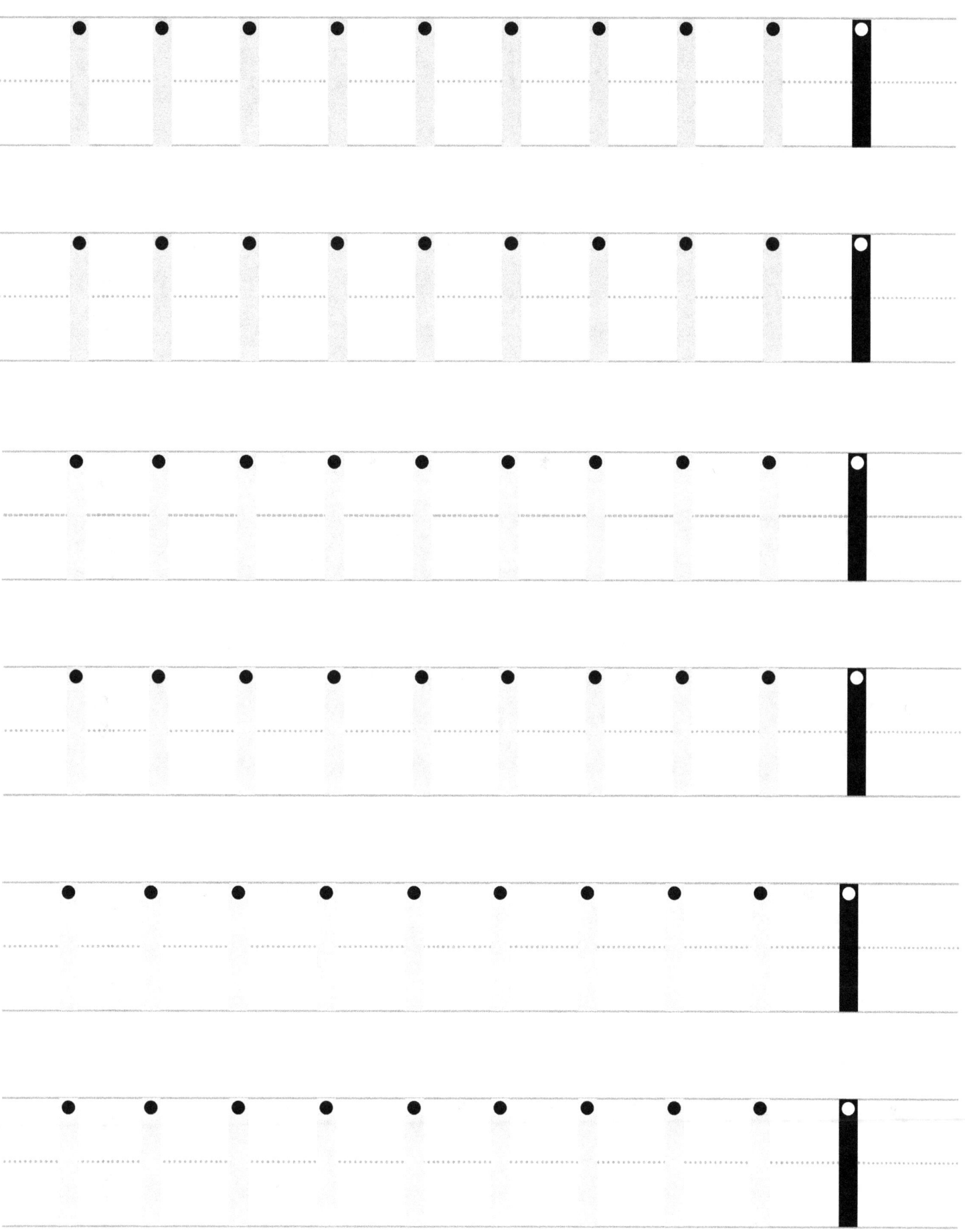

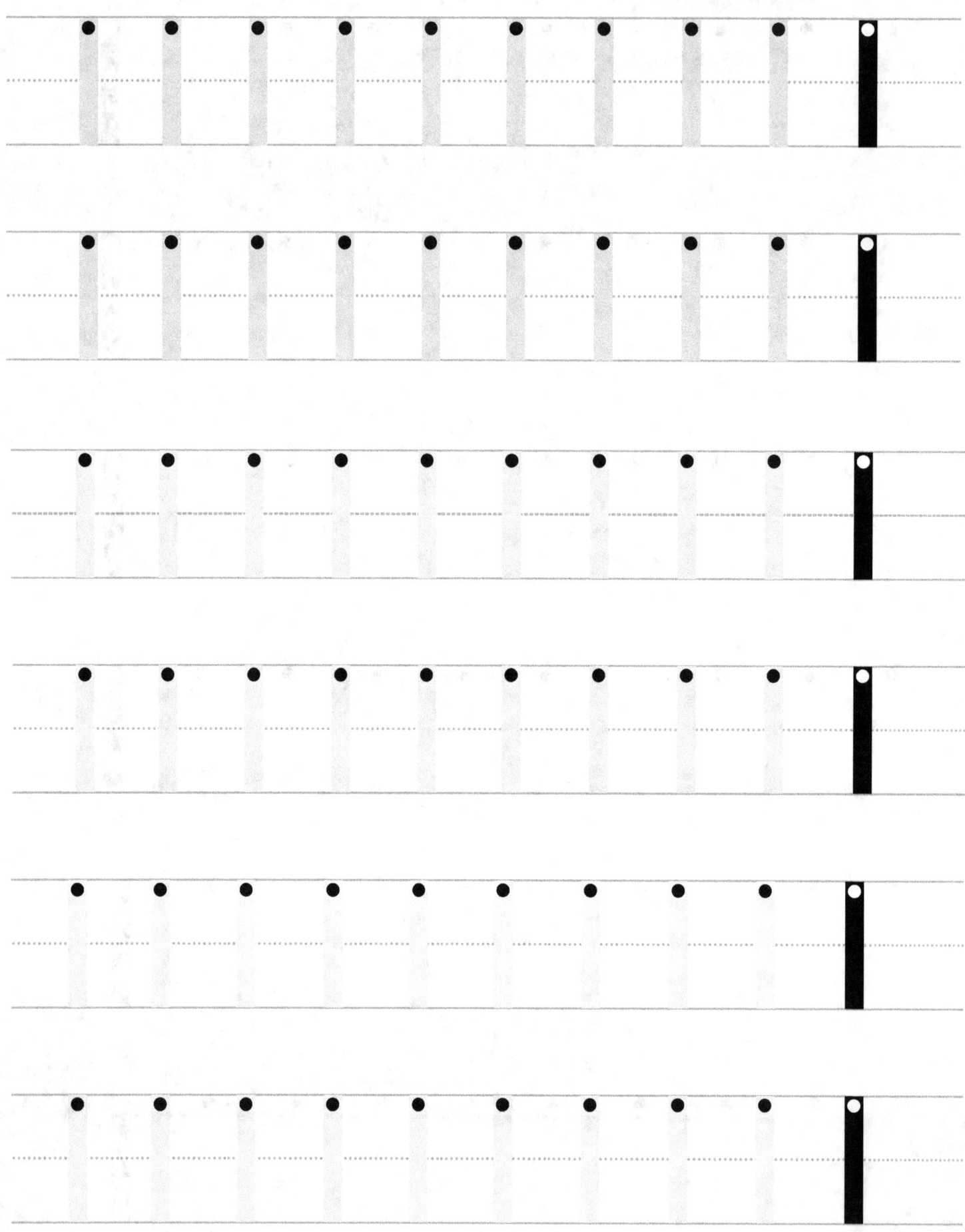

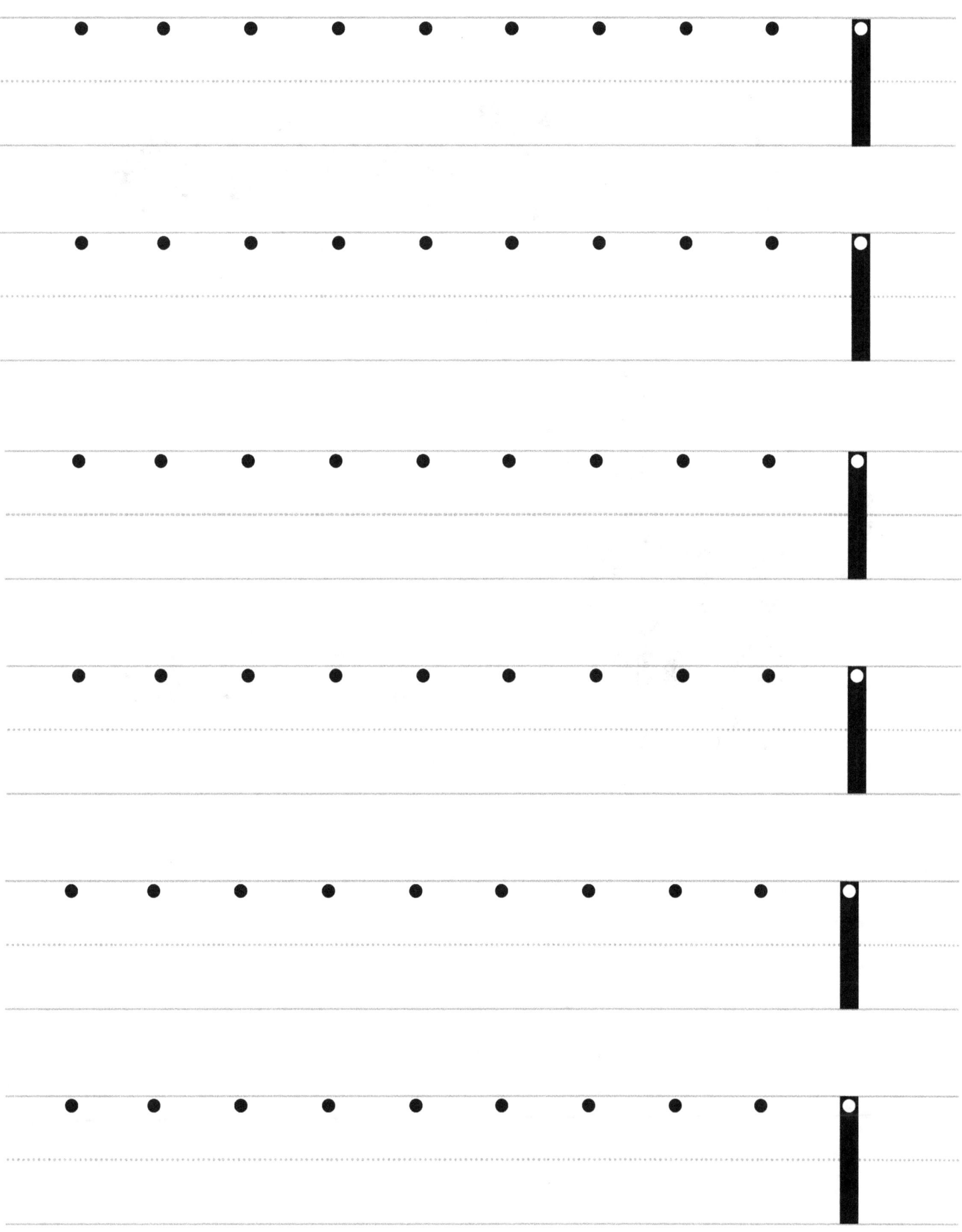

Zayin

זֶבְּרָה

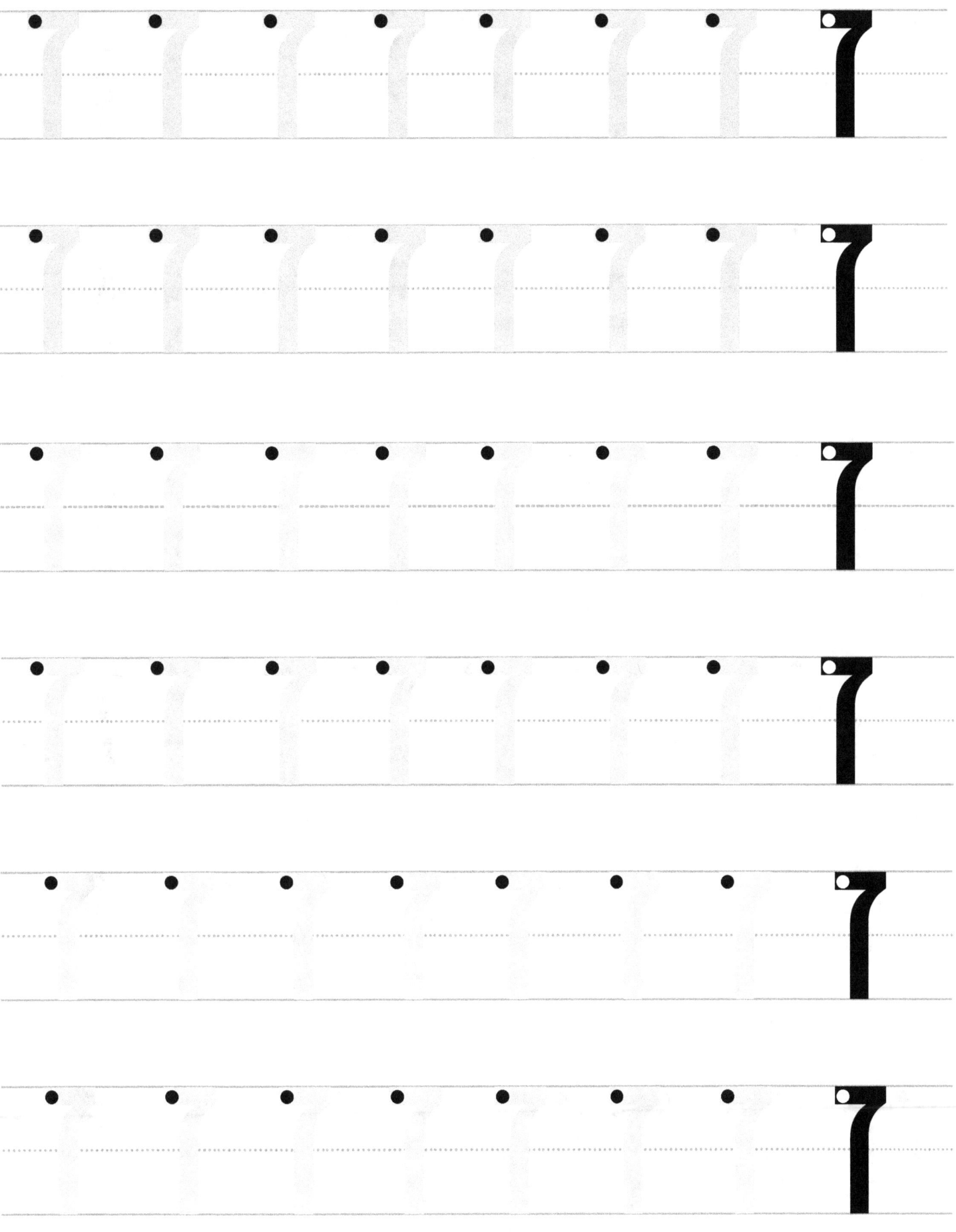

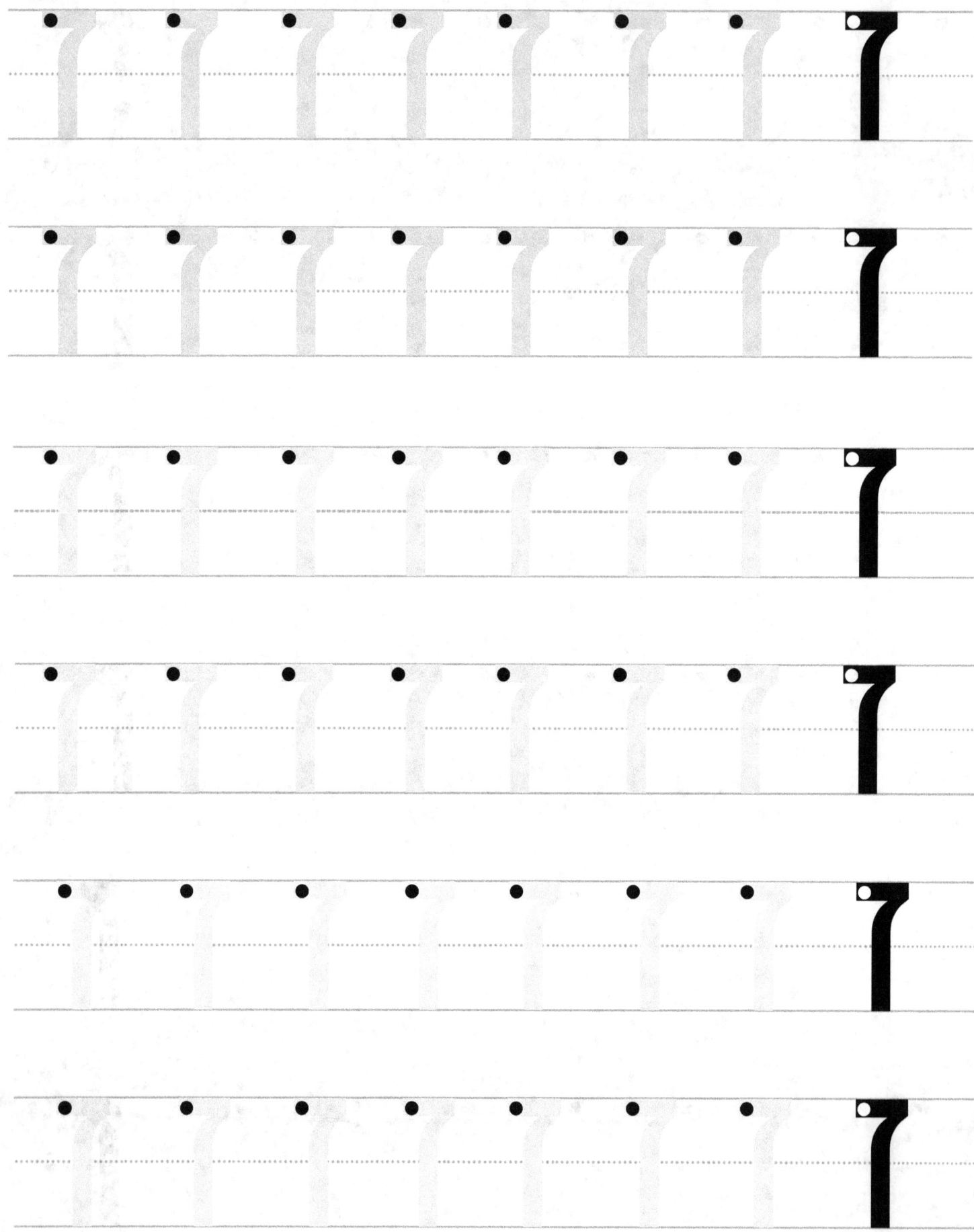

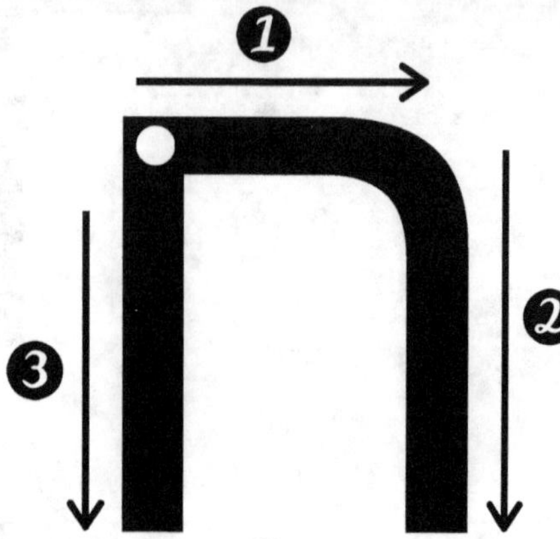

ח Het

חתול

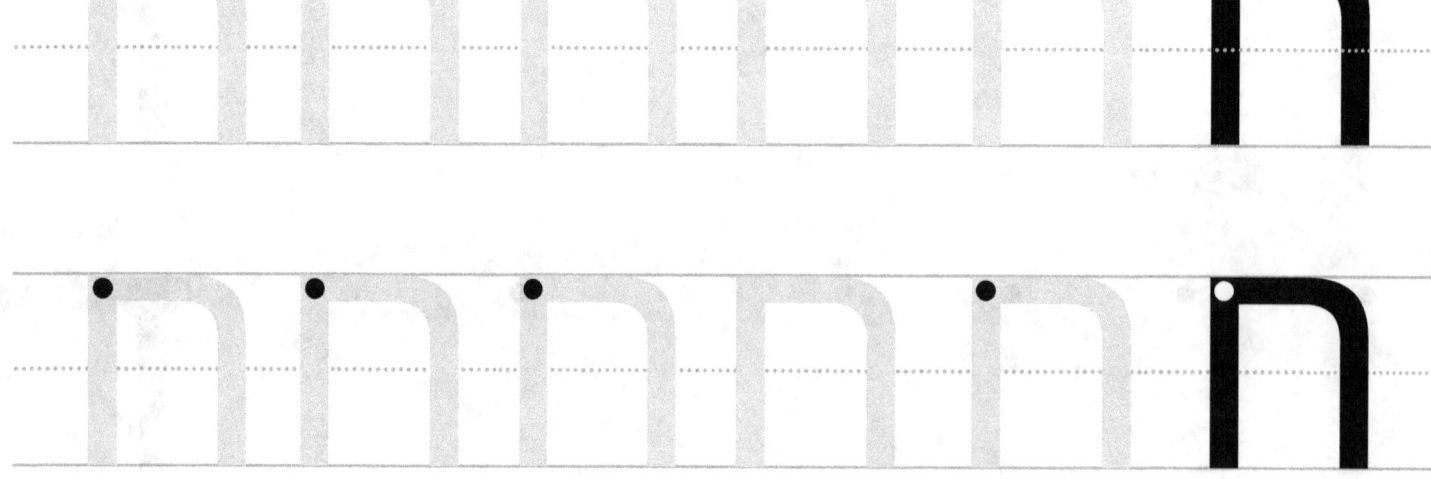

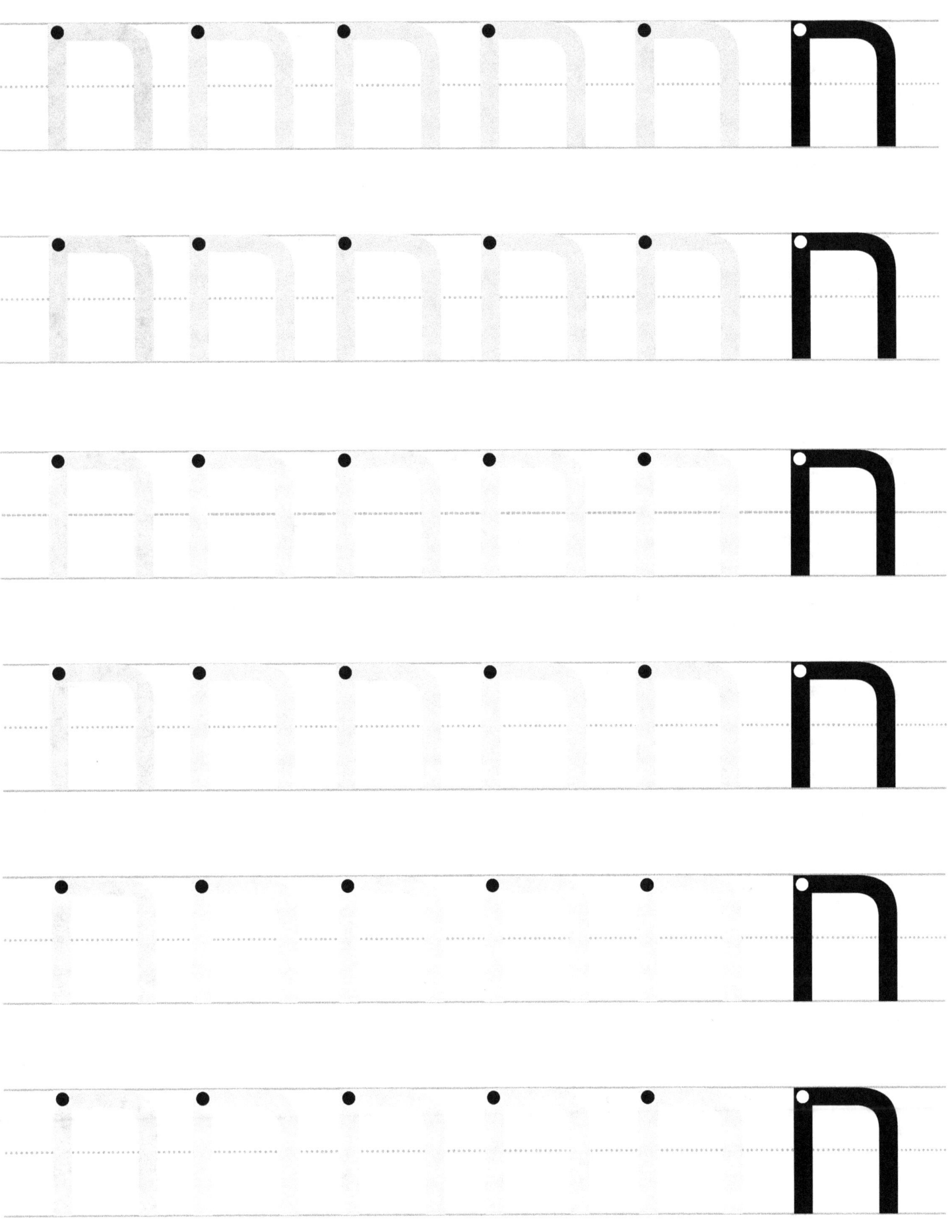

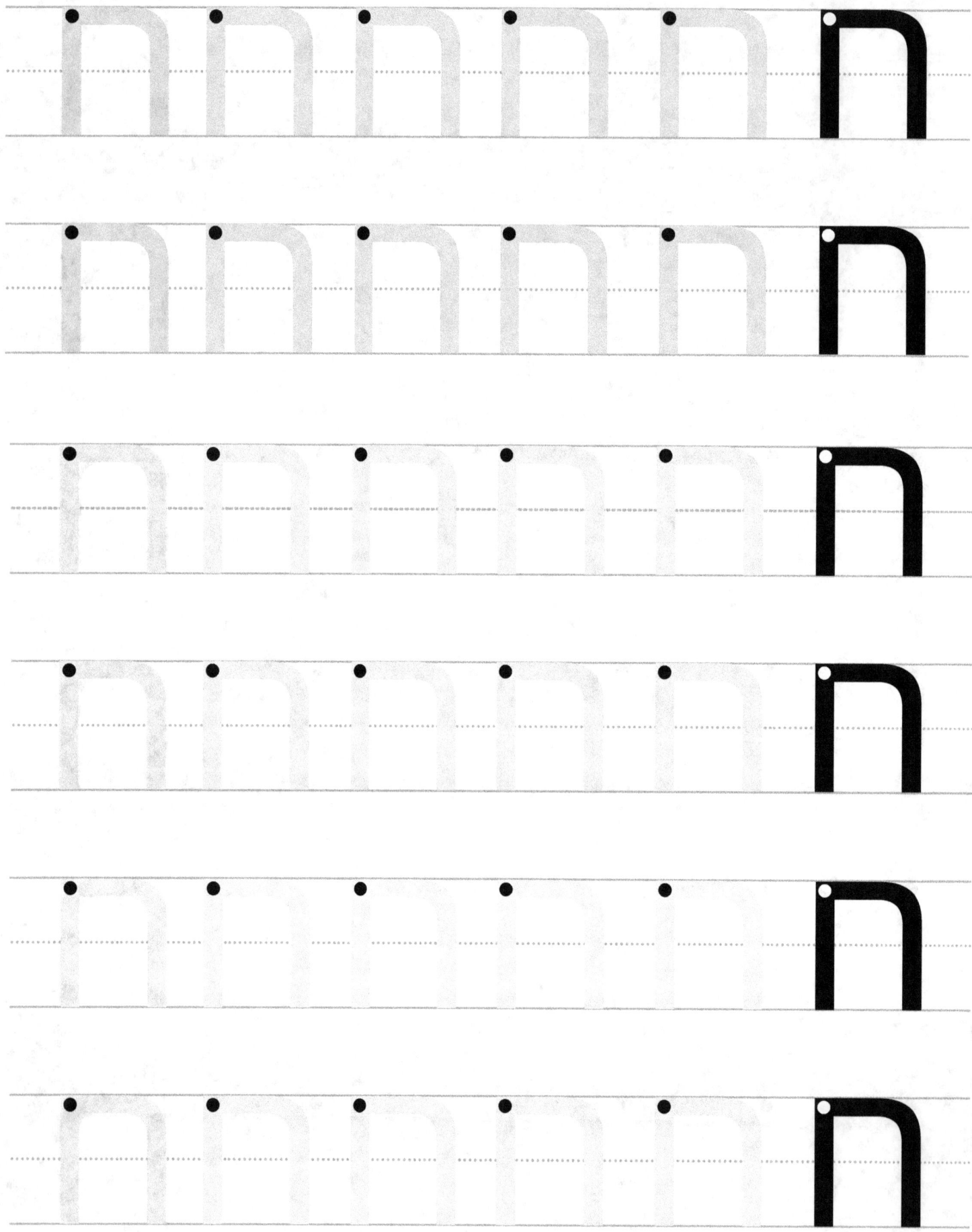

Tet

טוֹב

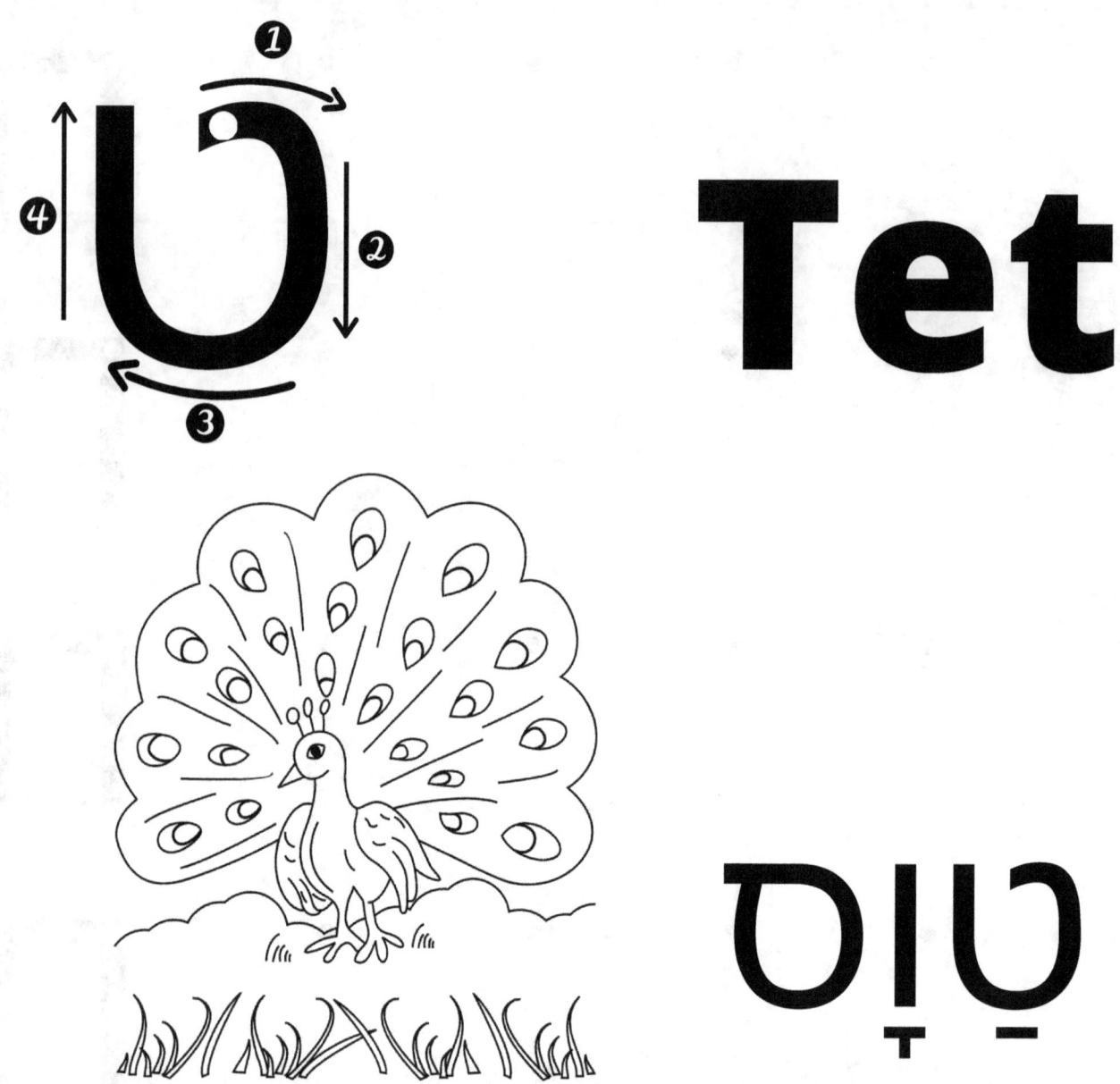

Yod

ינשופים

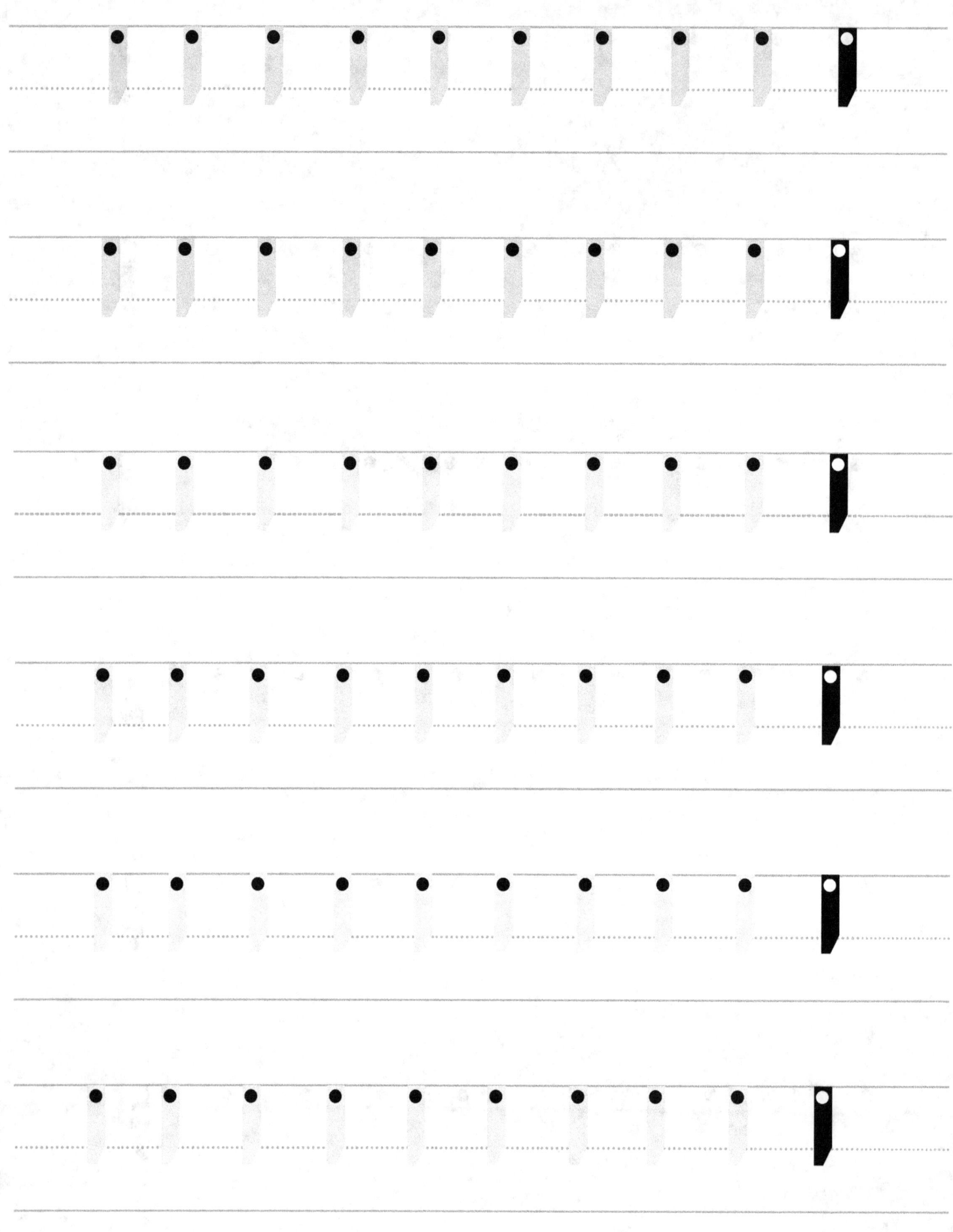

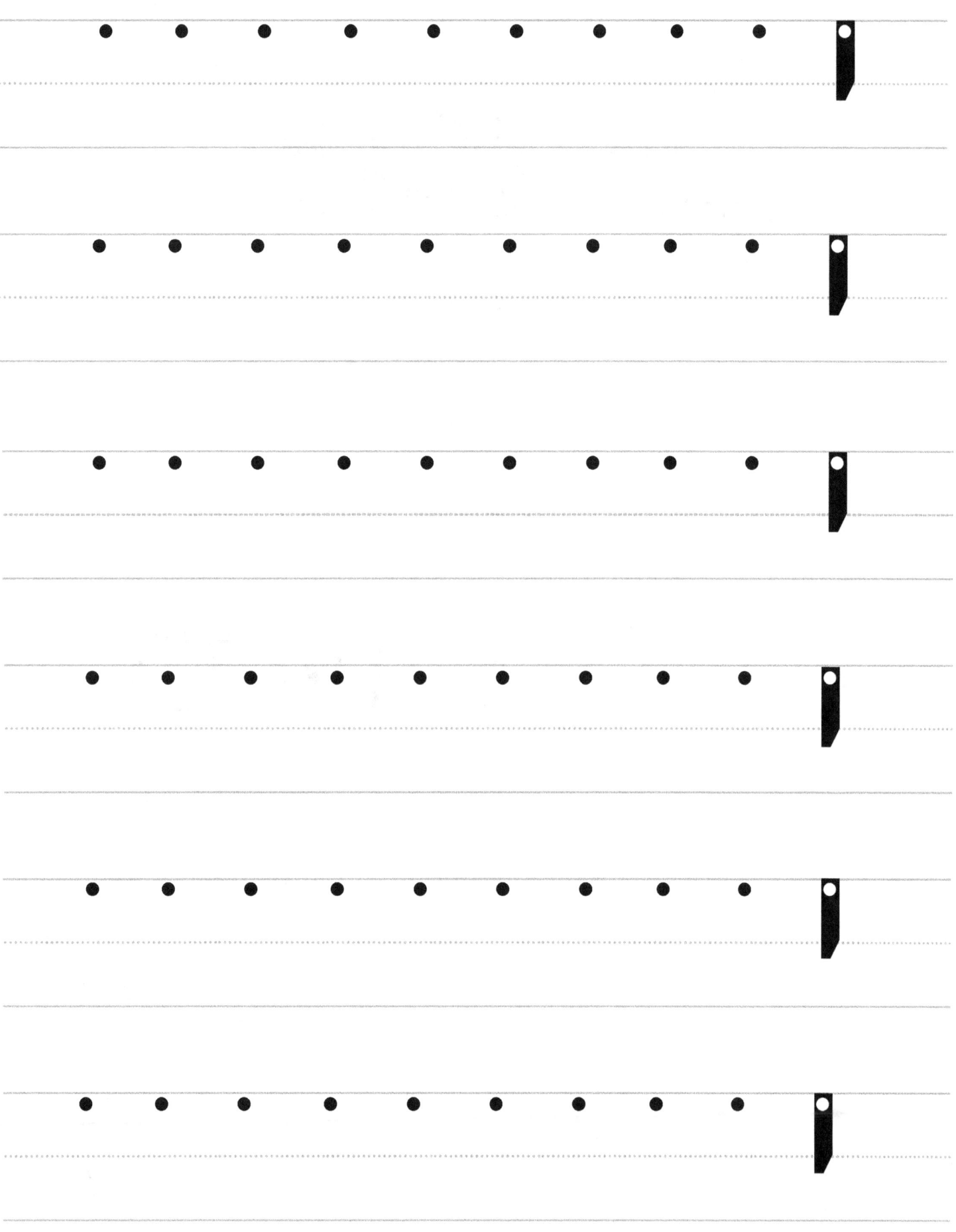

Kaf

Sofit

כריש

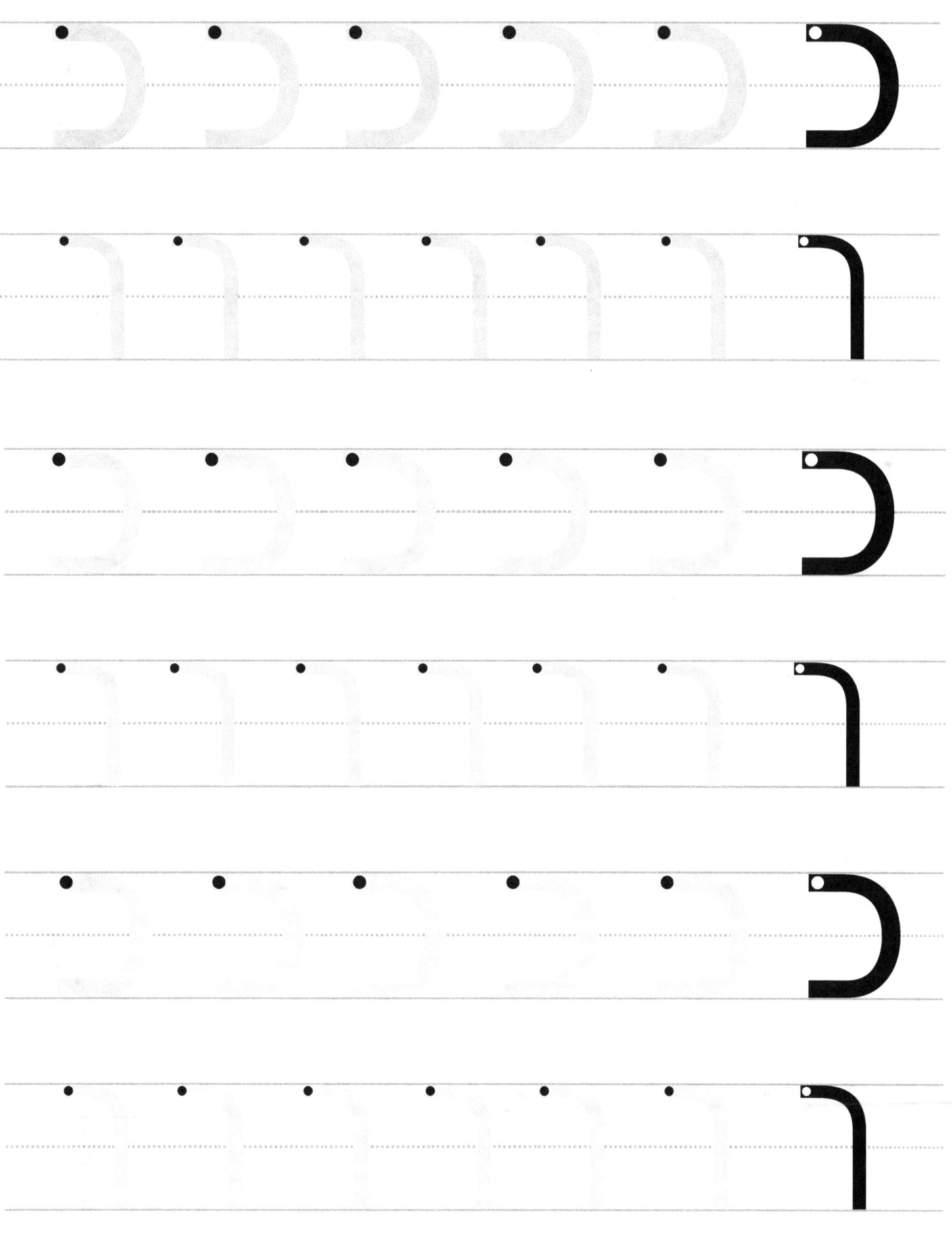

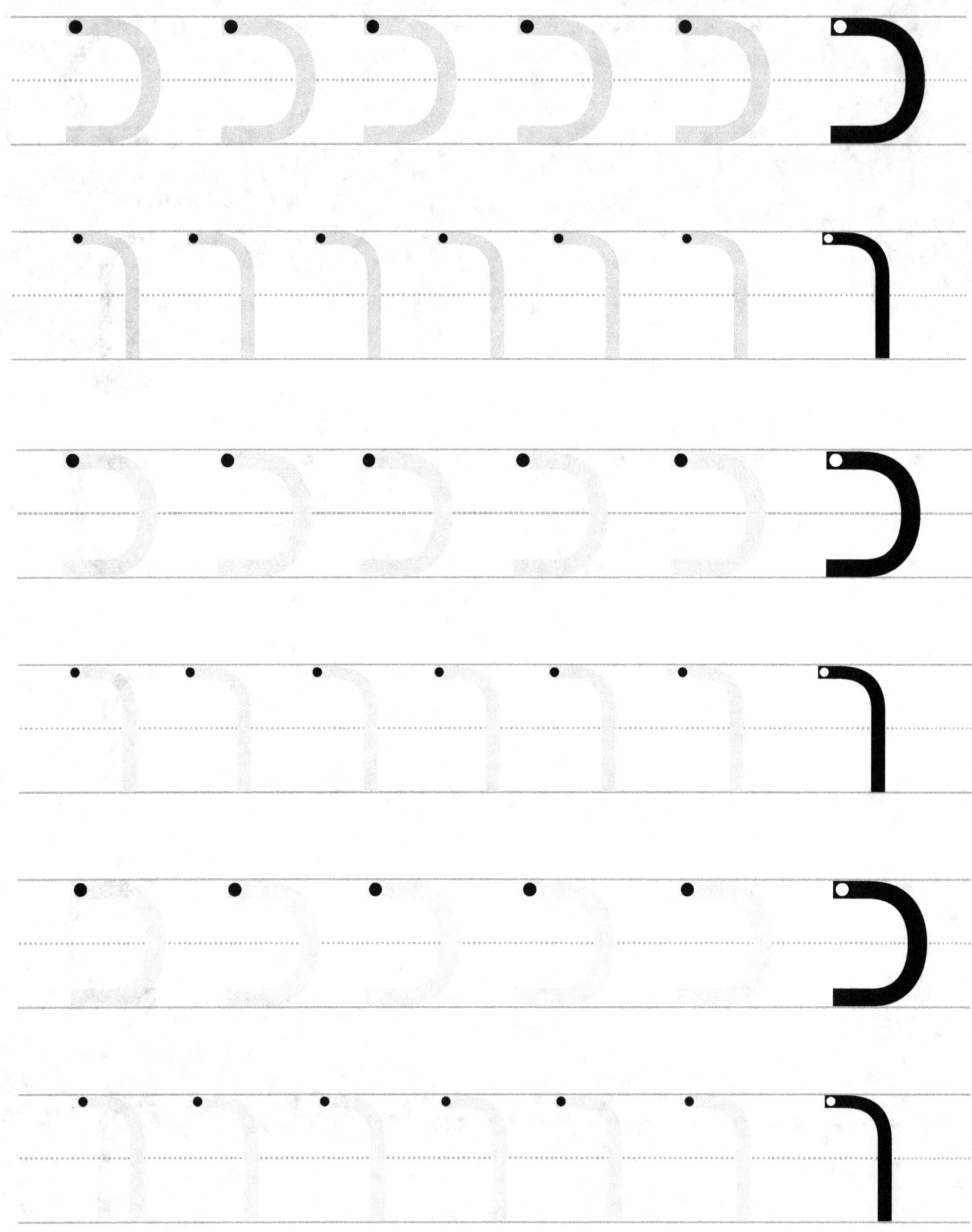

Lamed

לווייתן

7

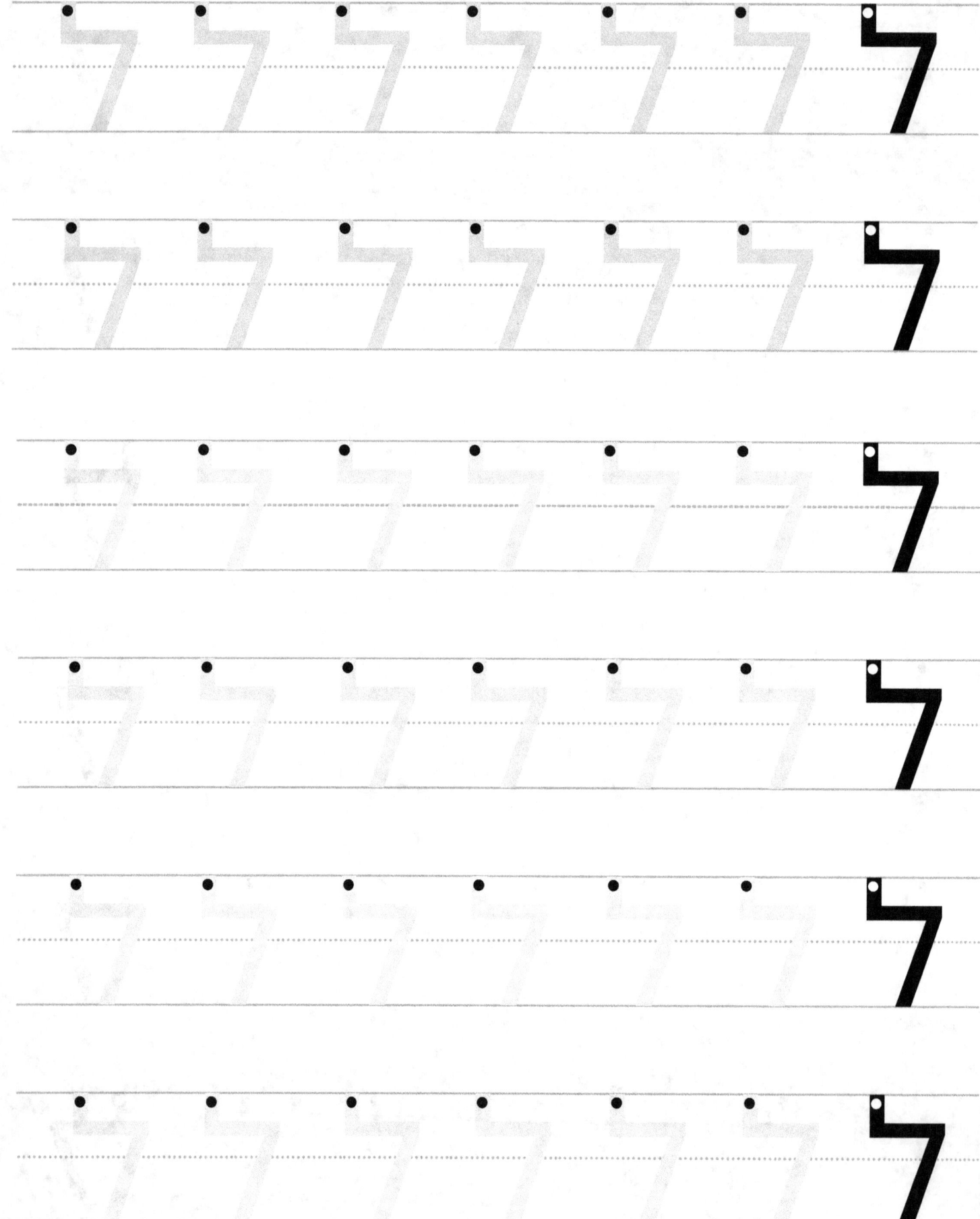

7

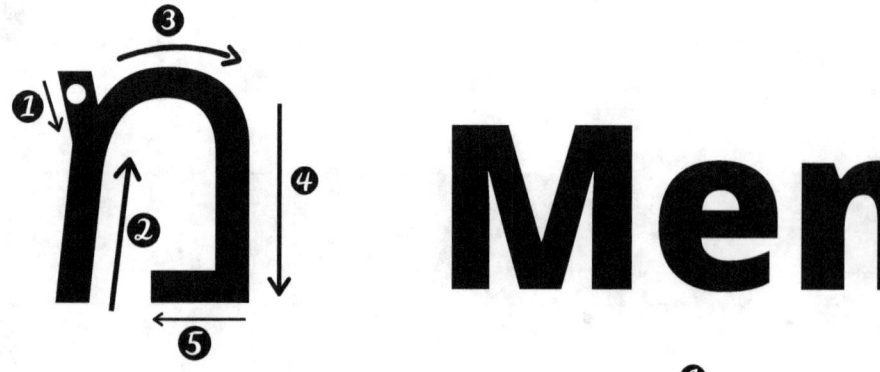

Mem

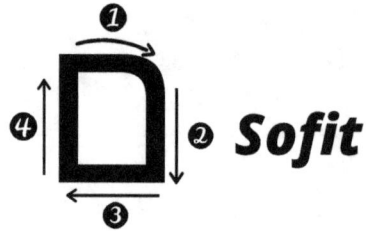 Sofit

ממותה

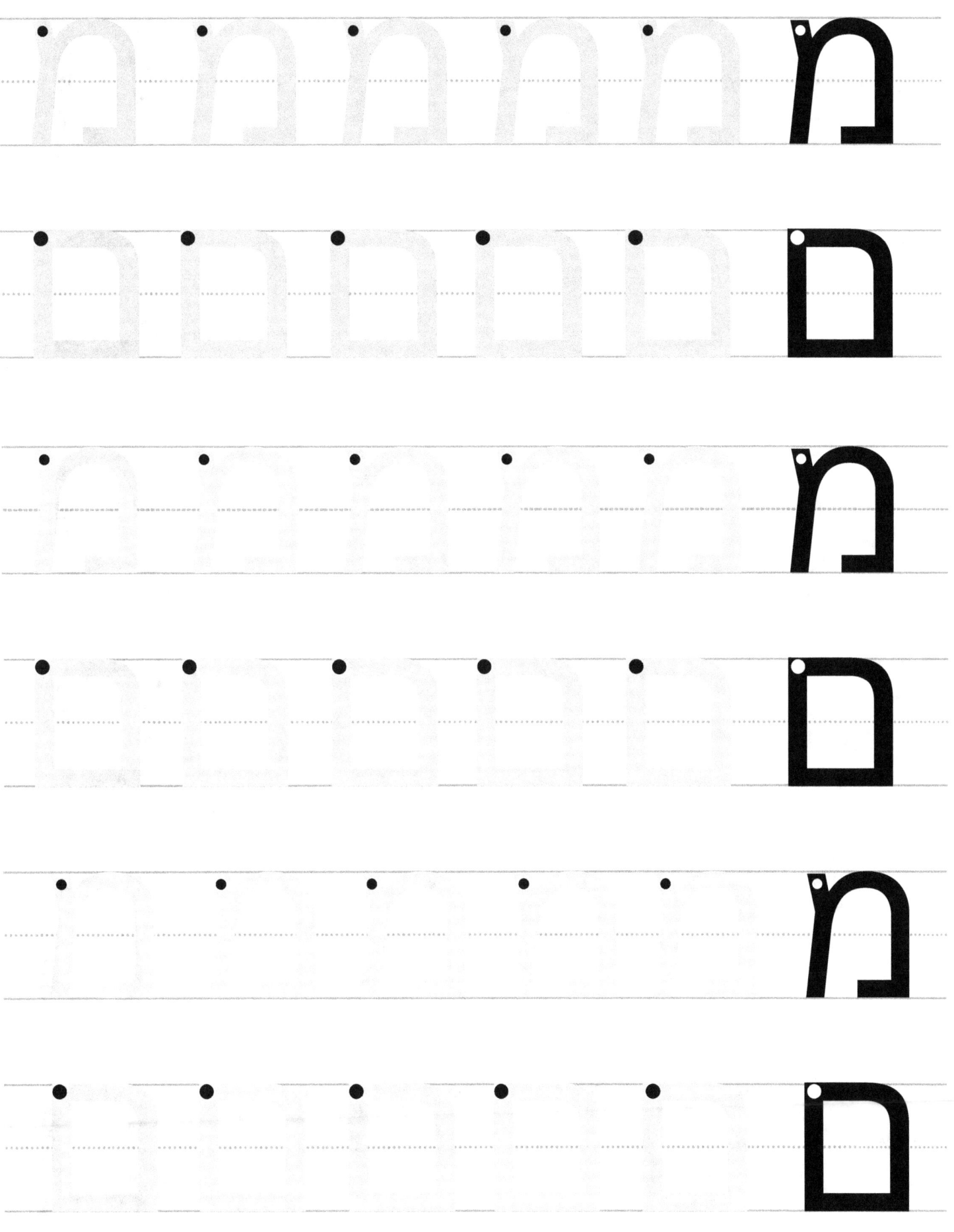

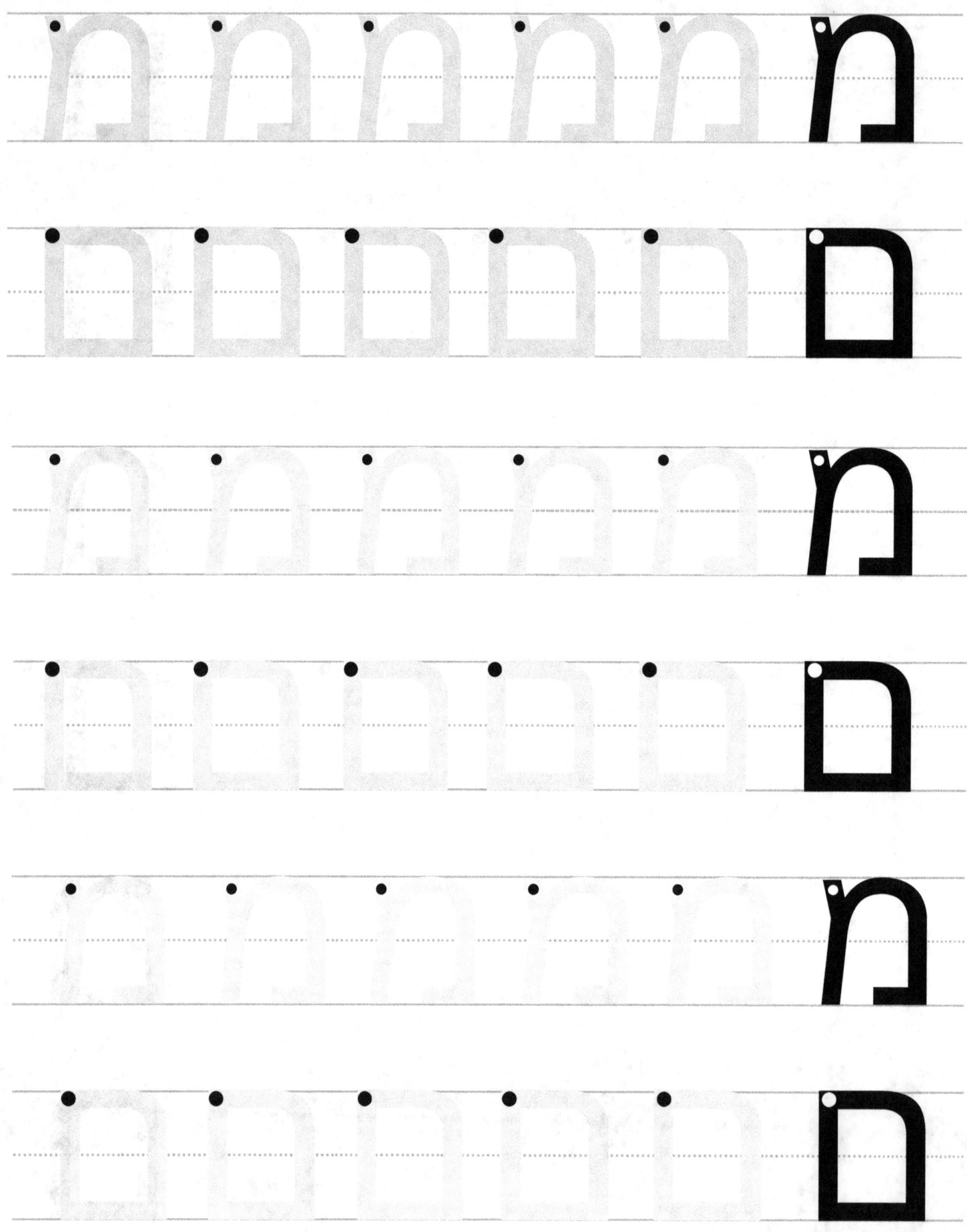

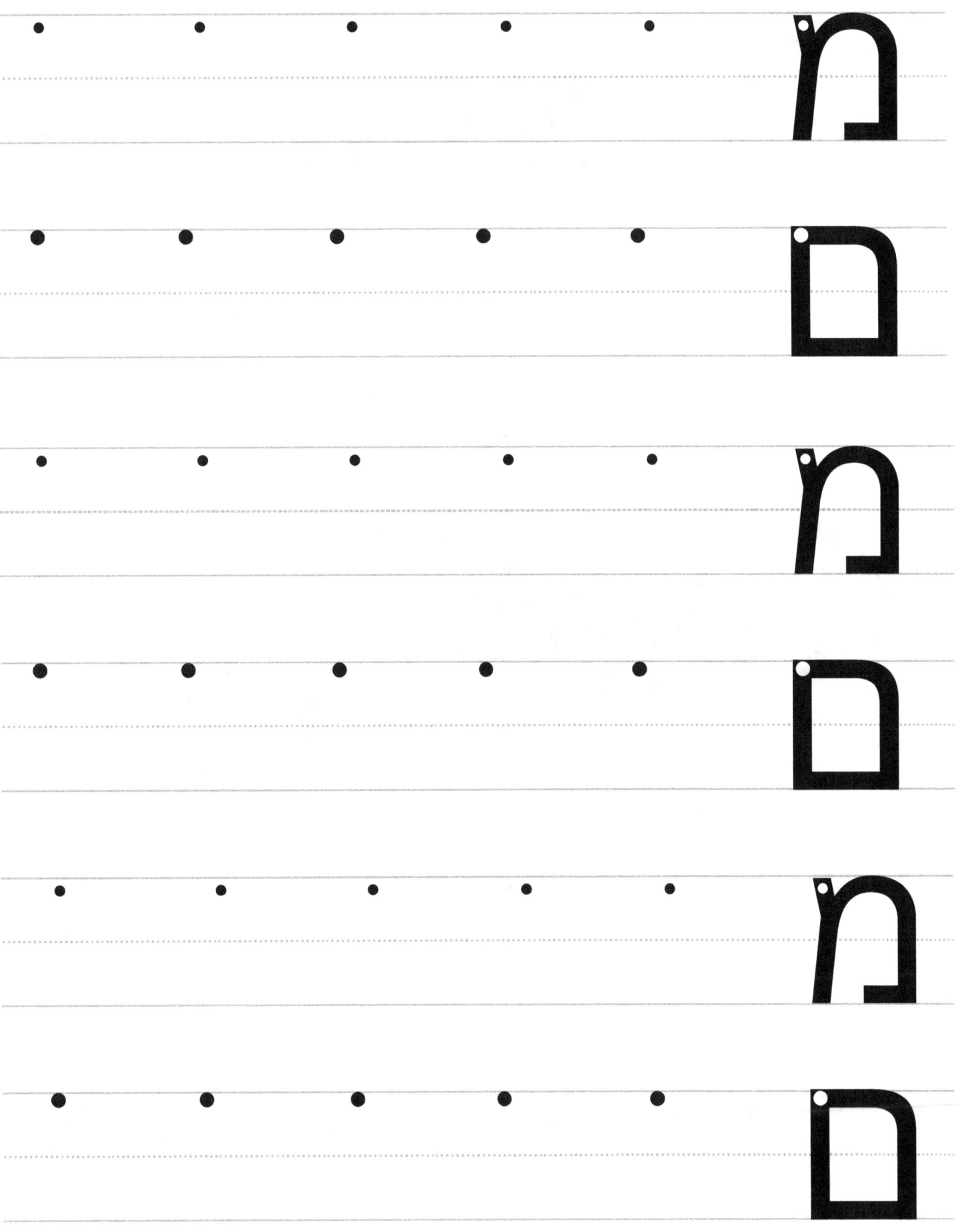

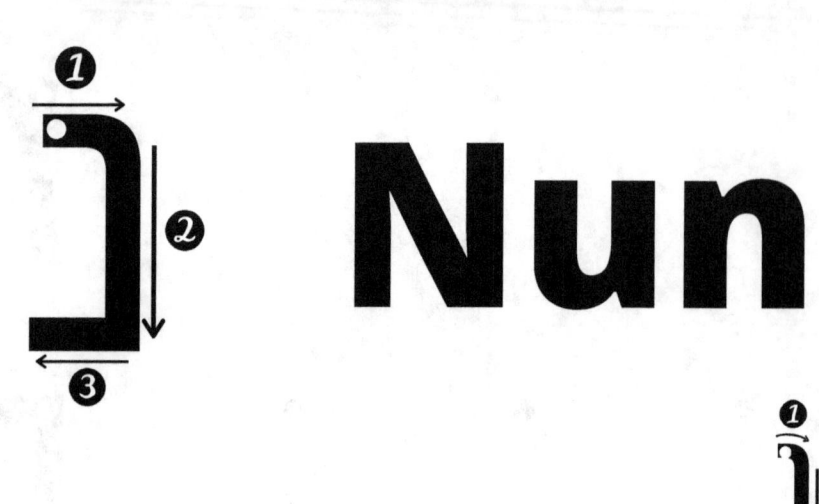

Nun

נְמָלָה

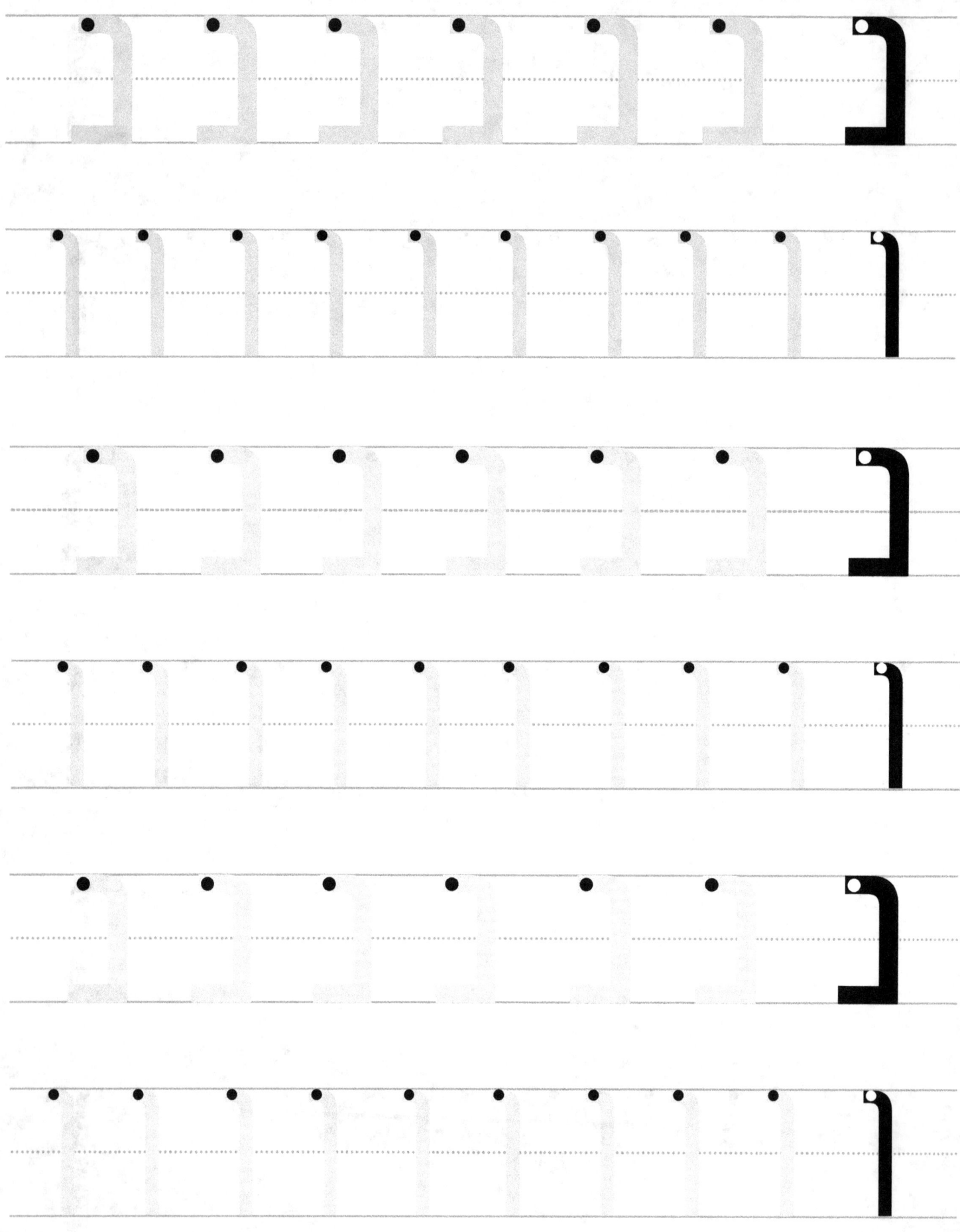

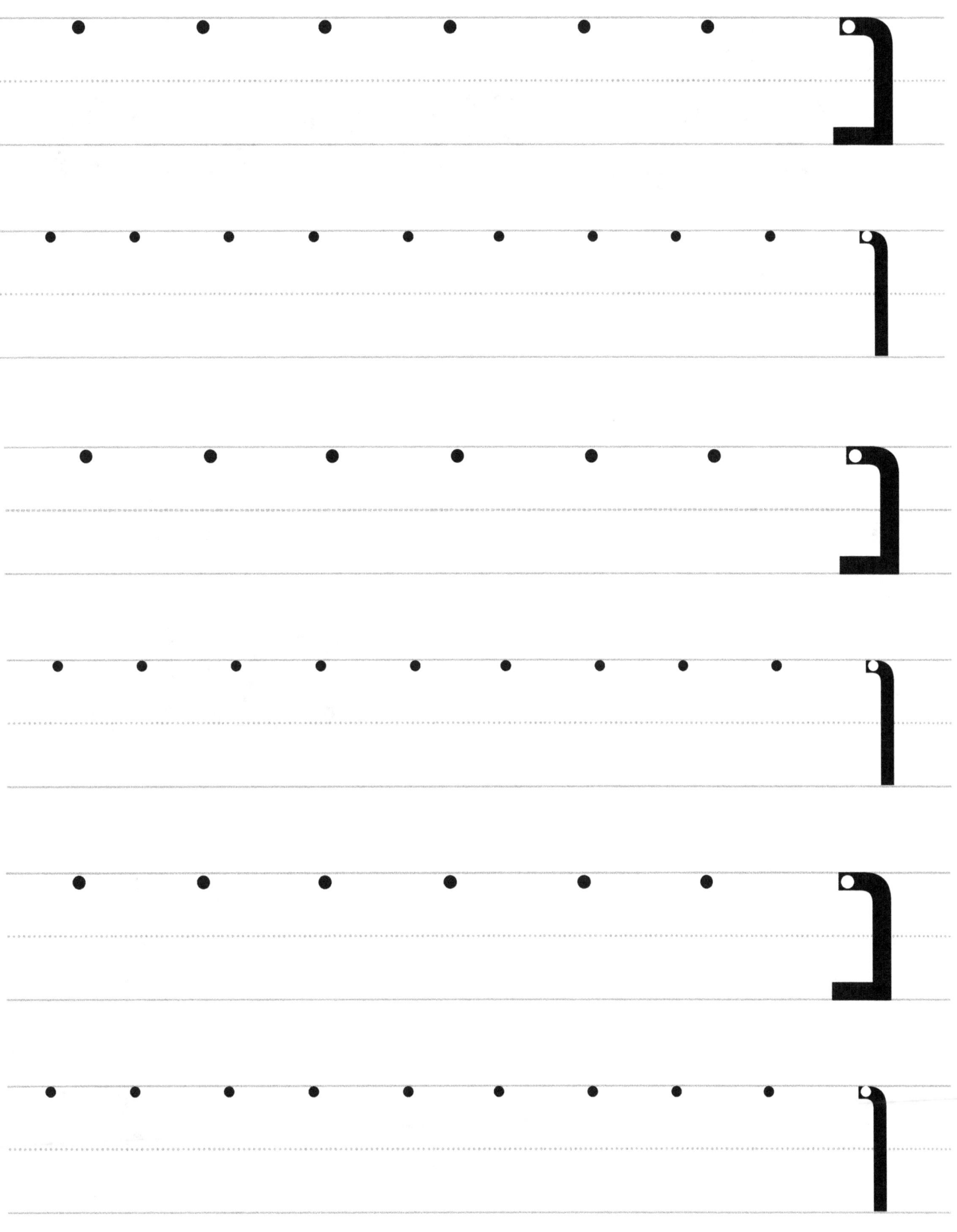

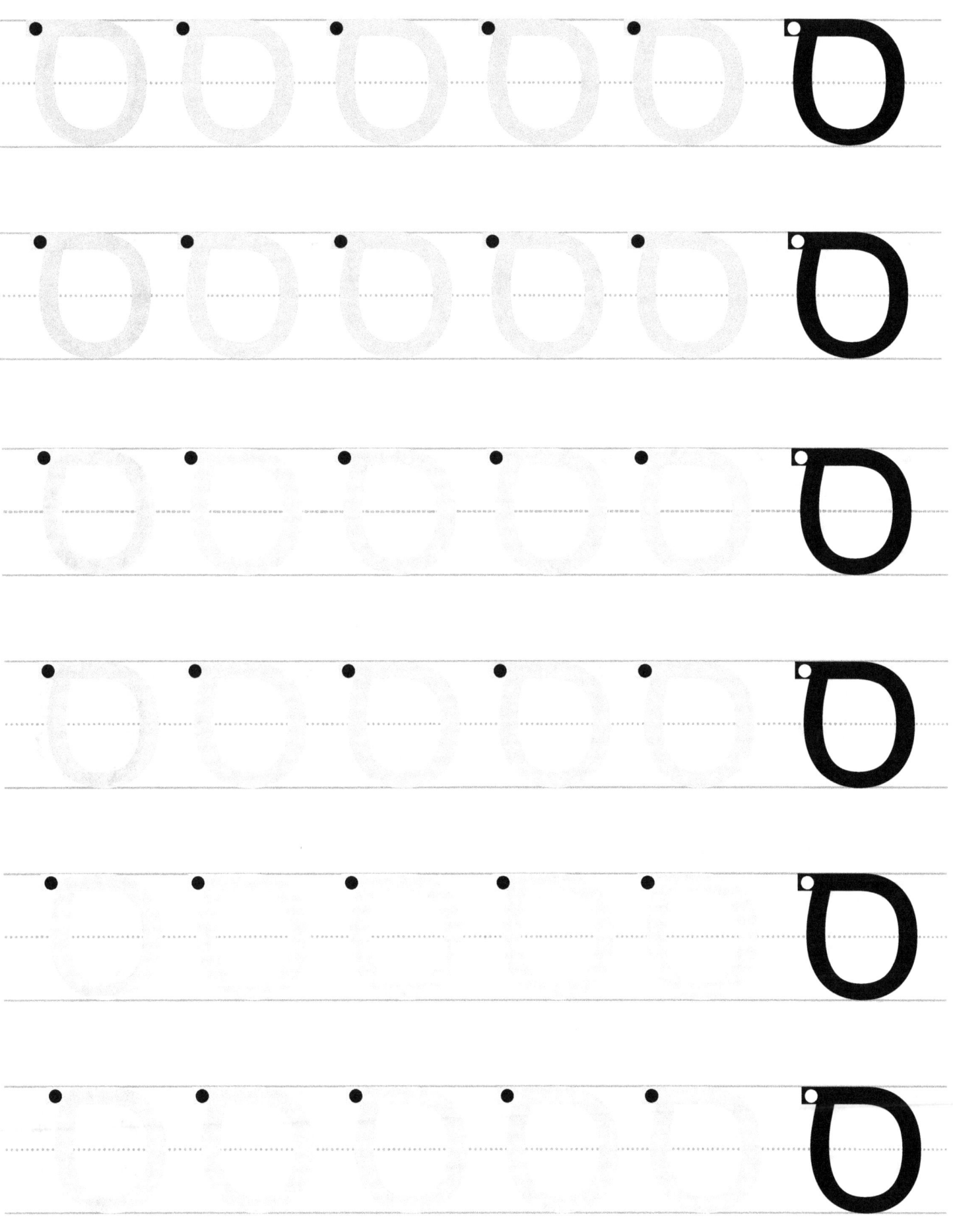

Ayin

עכבר

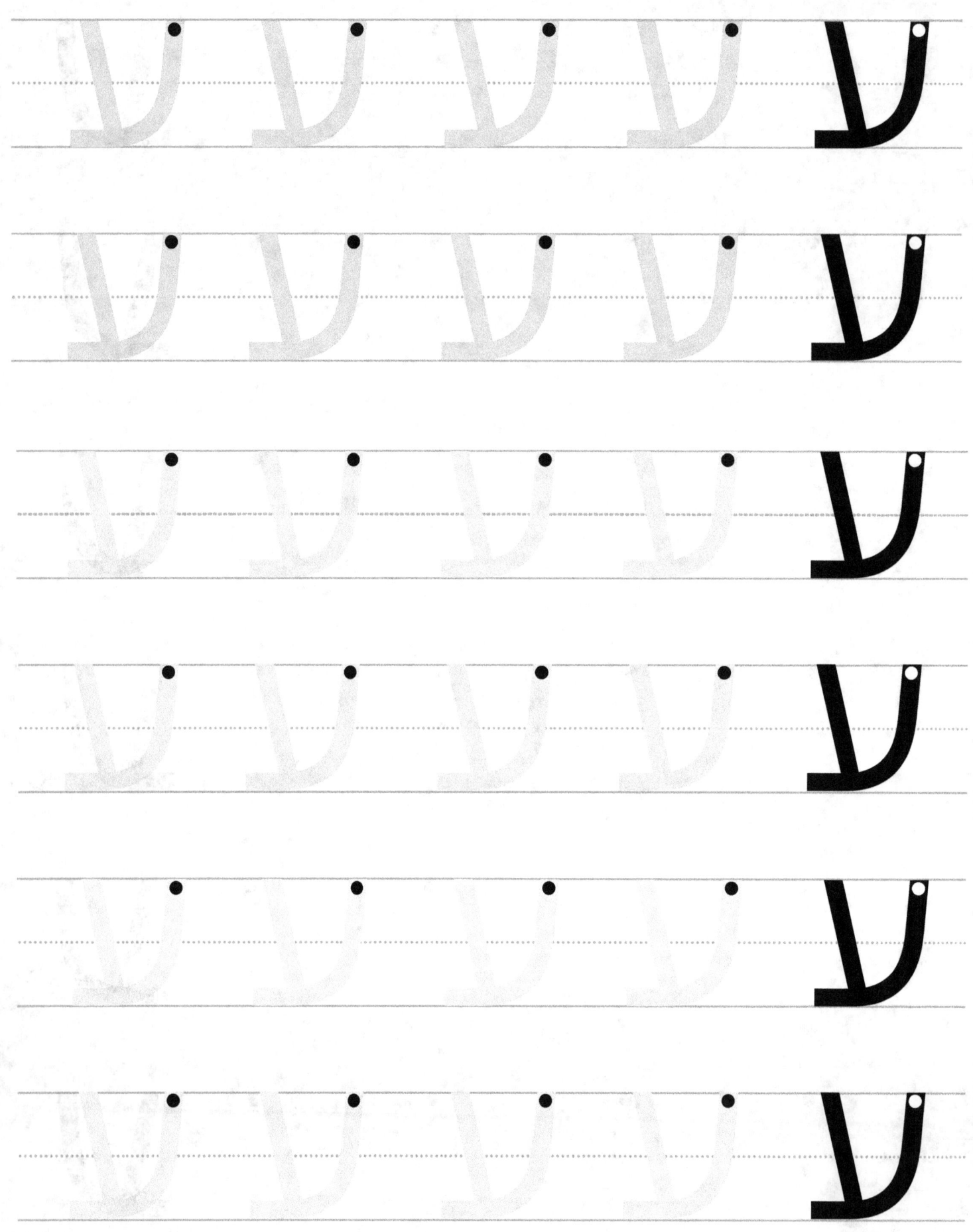

Pe

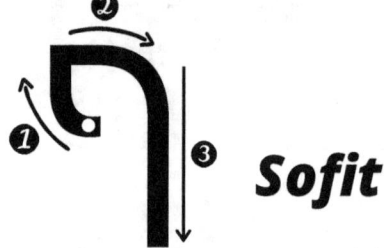
Sofit

פינגווין

Tsadi

 Sofit

צִיפּוֹר

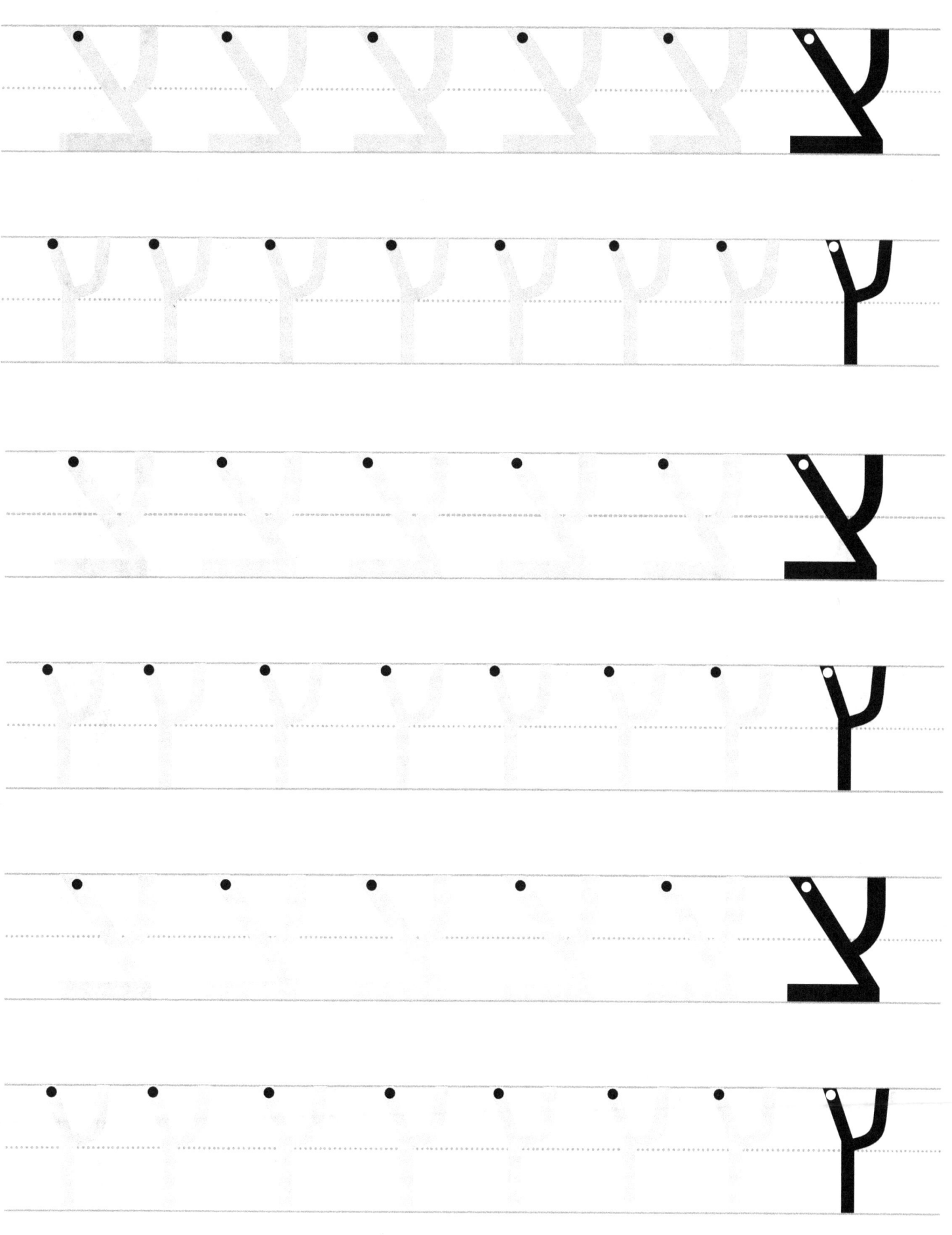

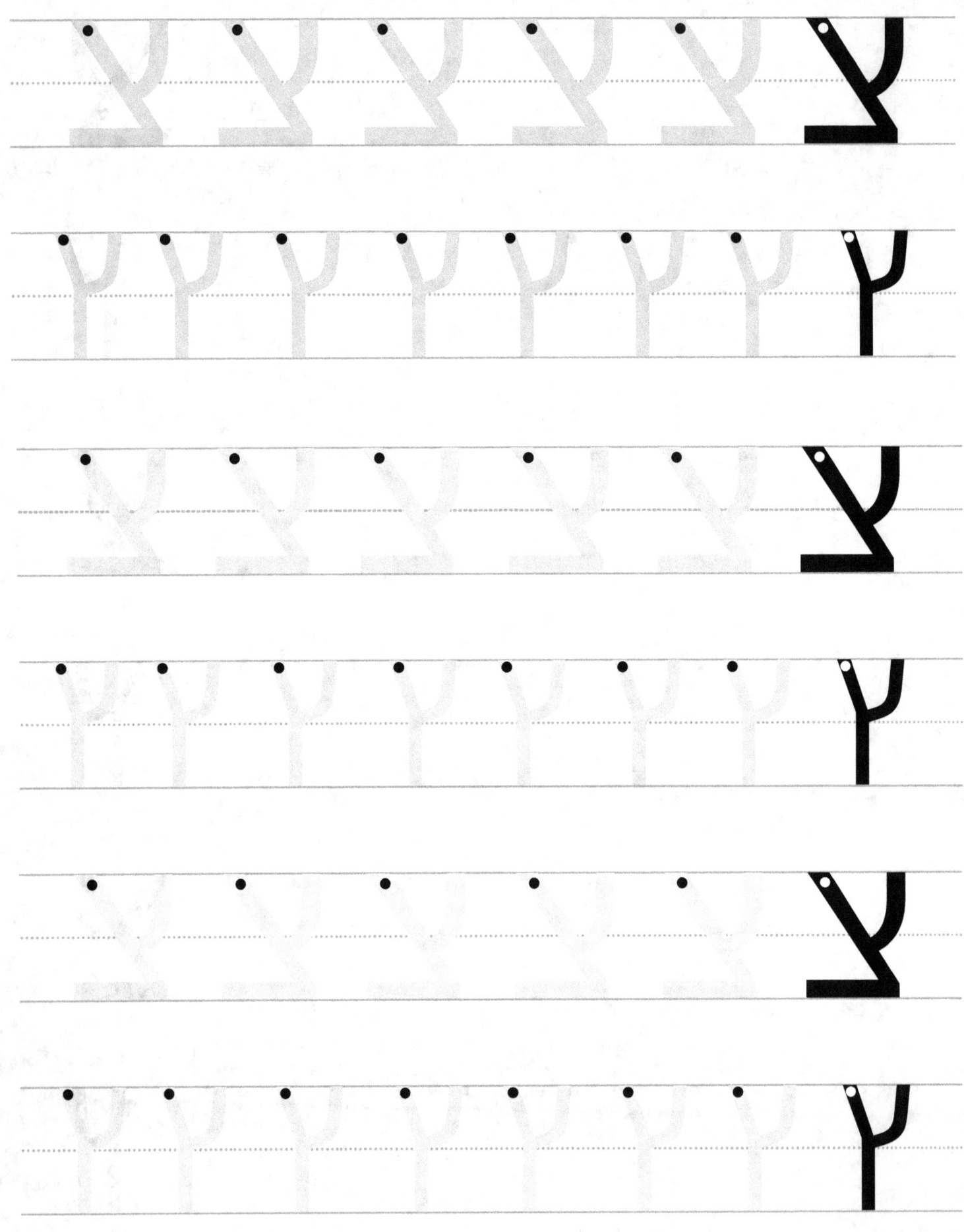

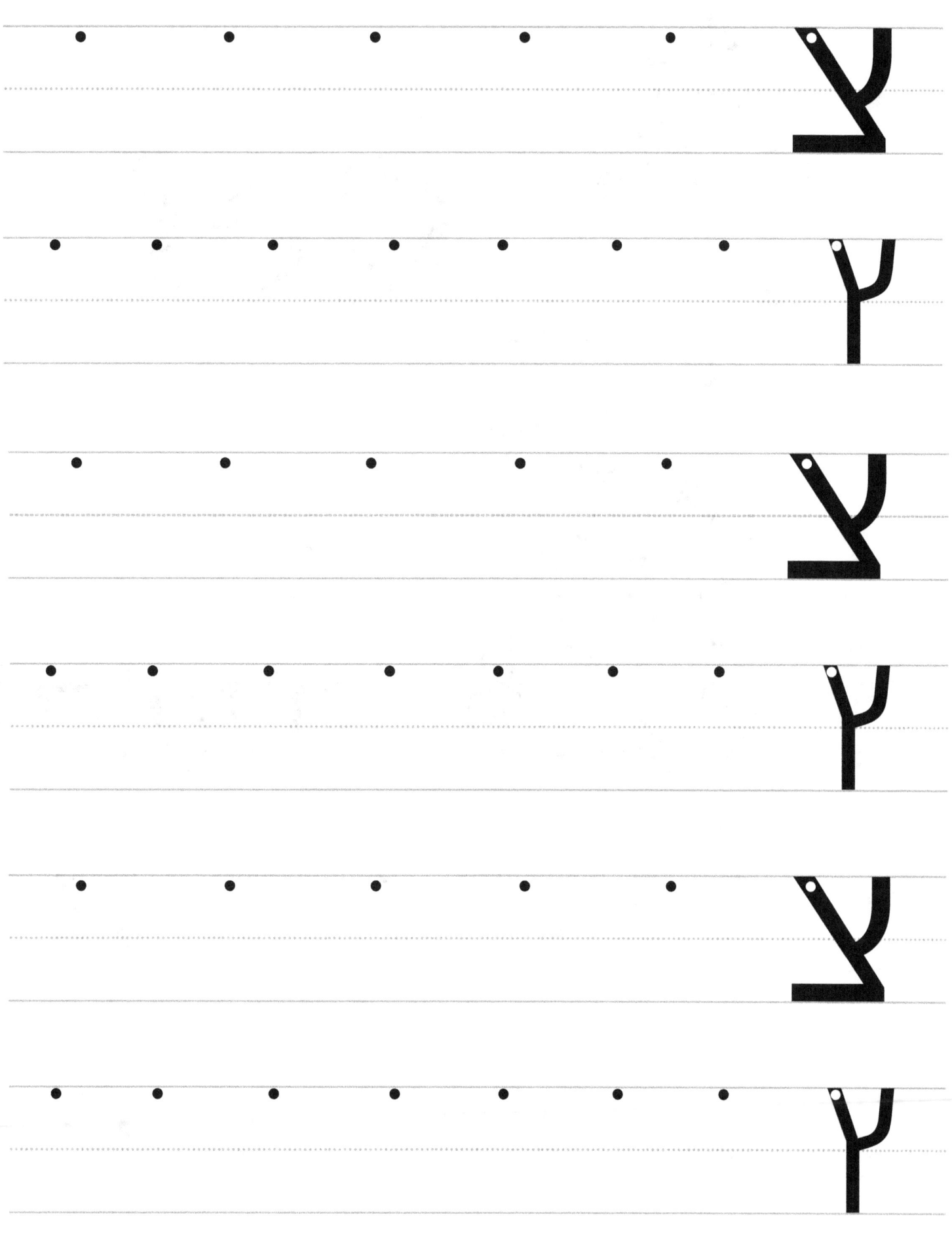

Qof

קוֹאָלָה

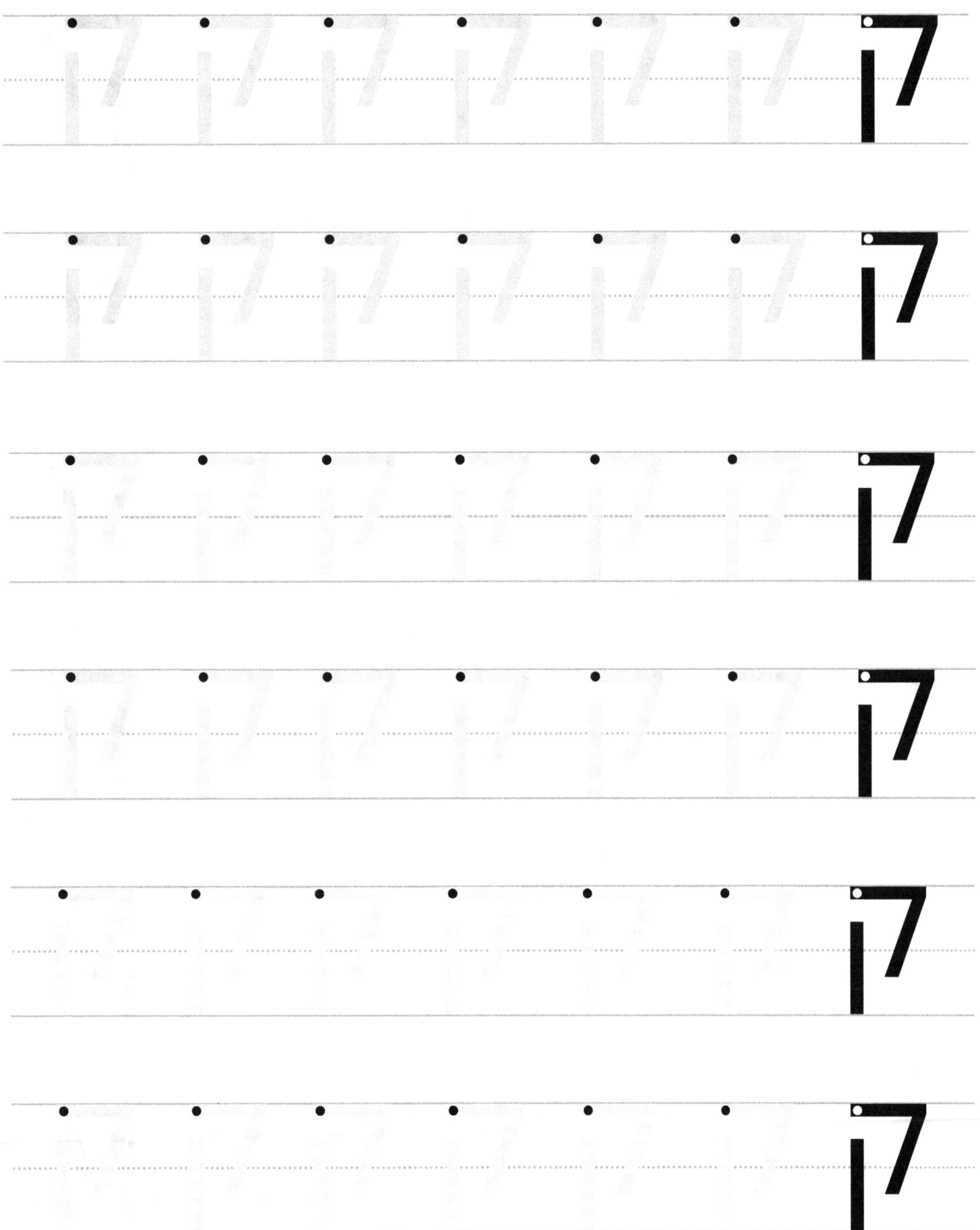

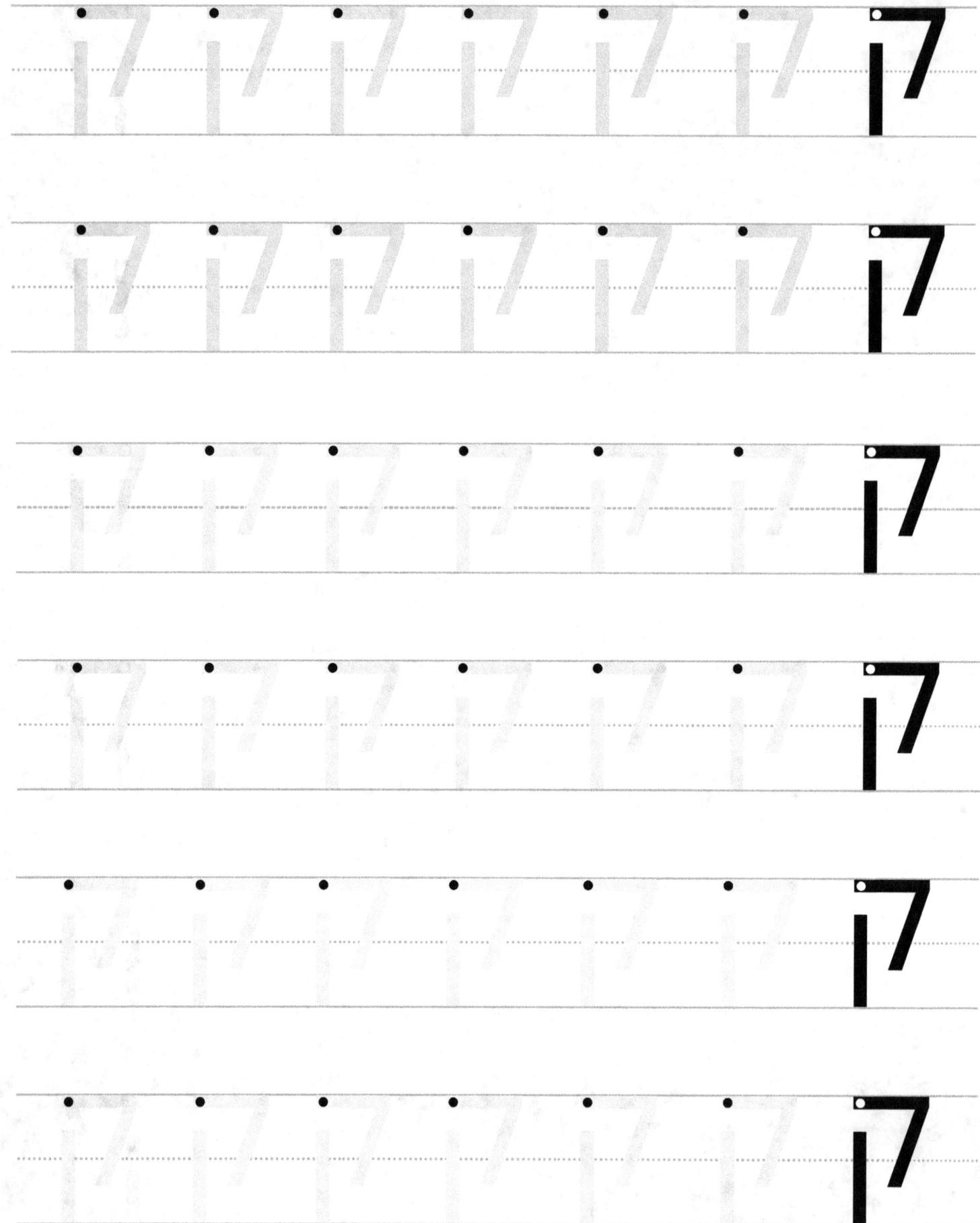

Resh

רבגון

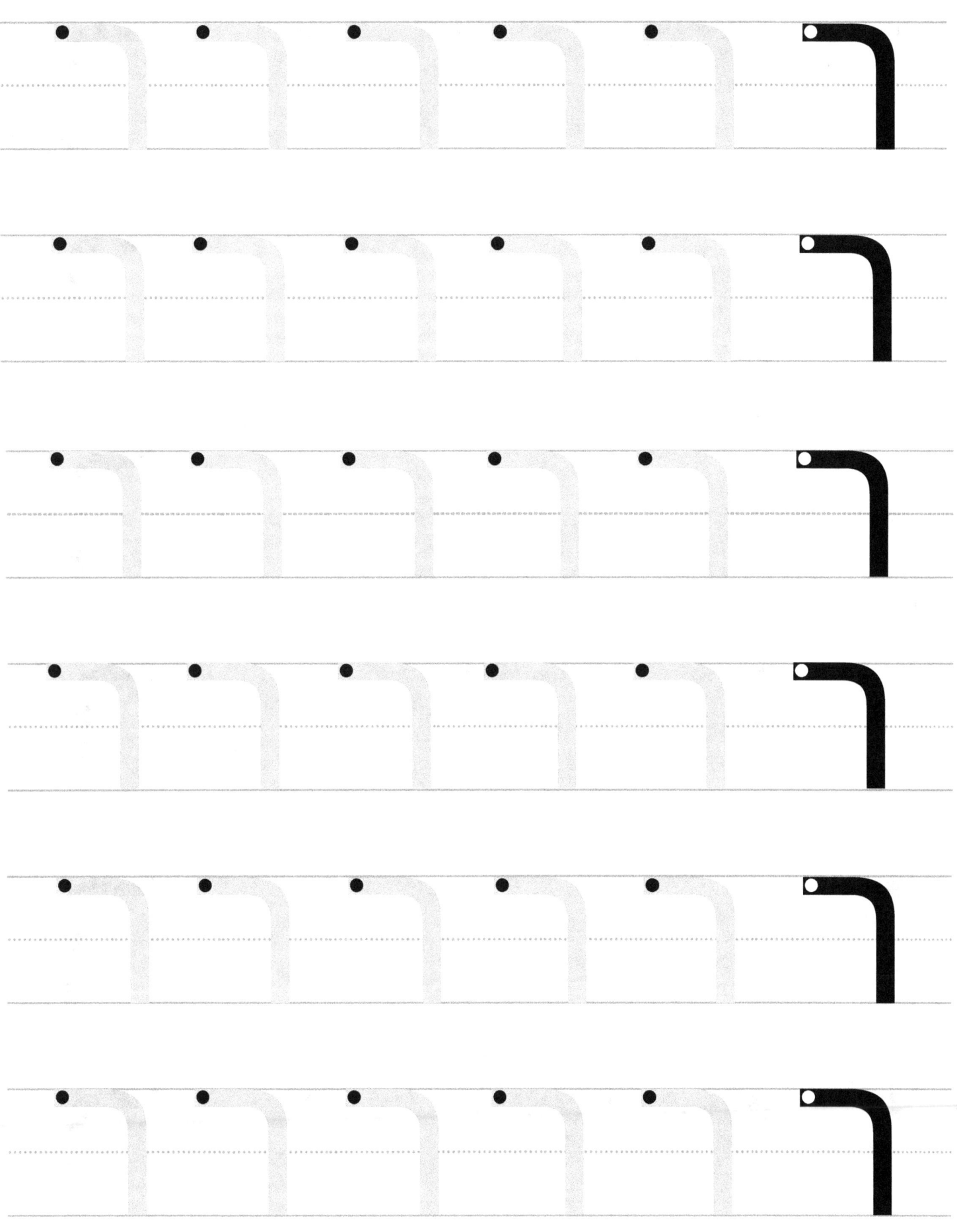

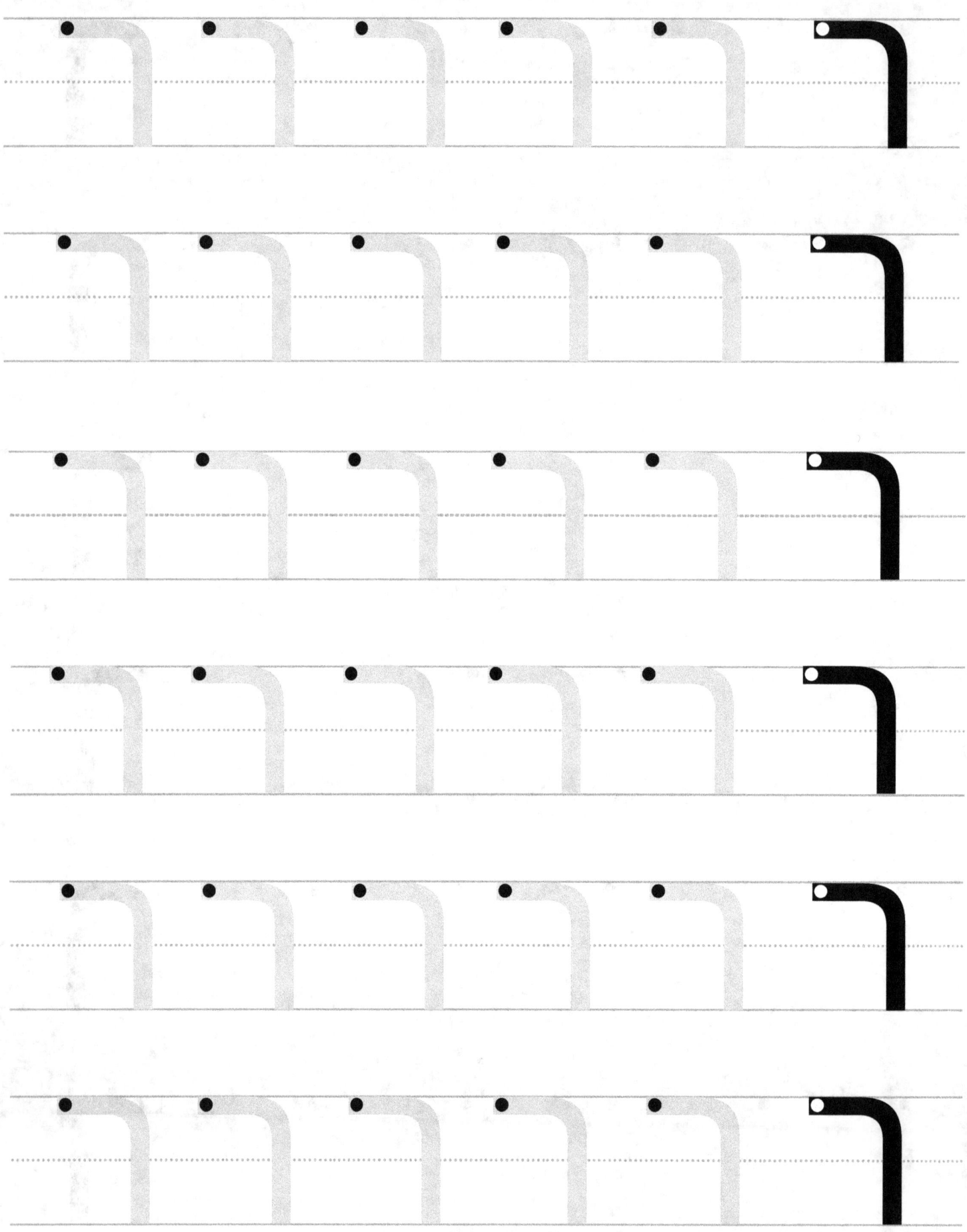

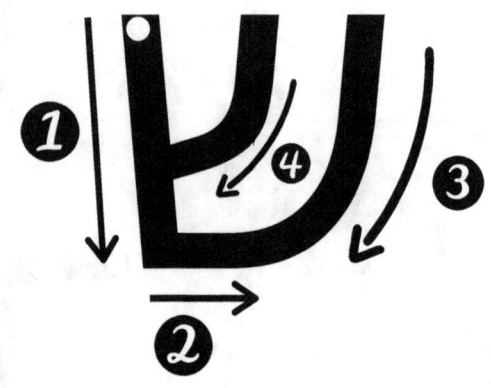

Shin

שַׁבְּלוּל

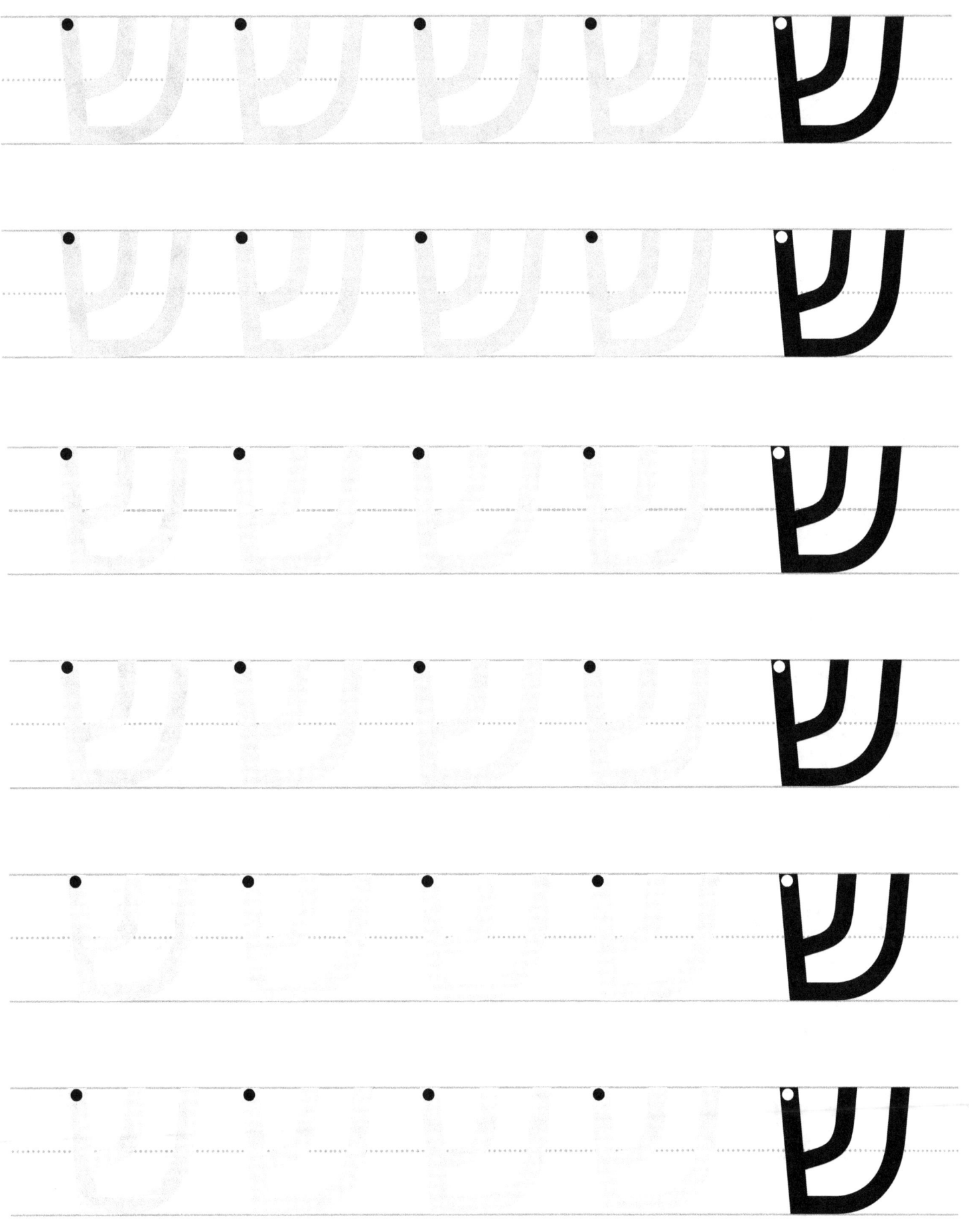

ע ע ע ע ע

ע ע ע ע ע

ע ע ע ע ע

ע ע ע ע ע

ע ע ע ע ע

ע ע ע ע ע

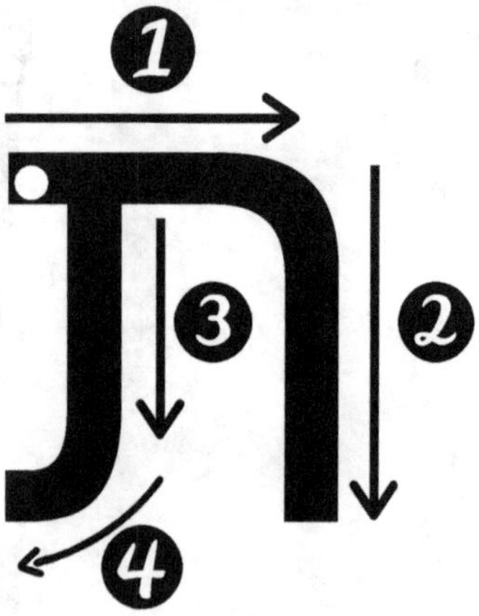

Tav

תַּנִּין

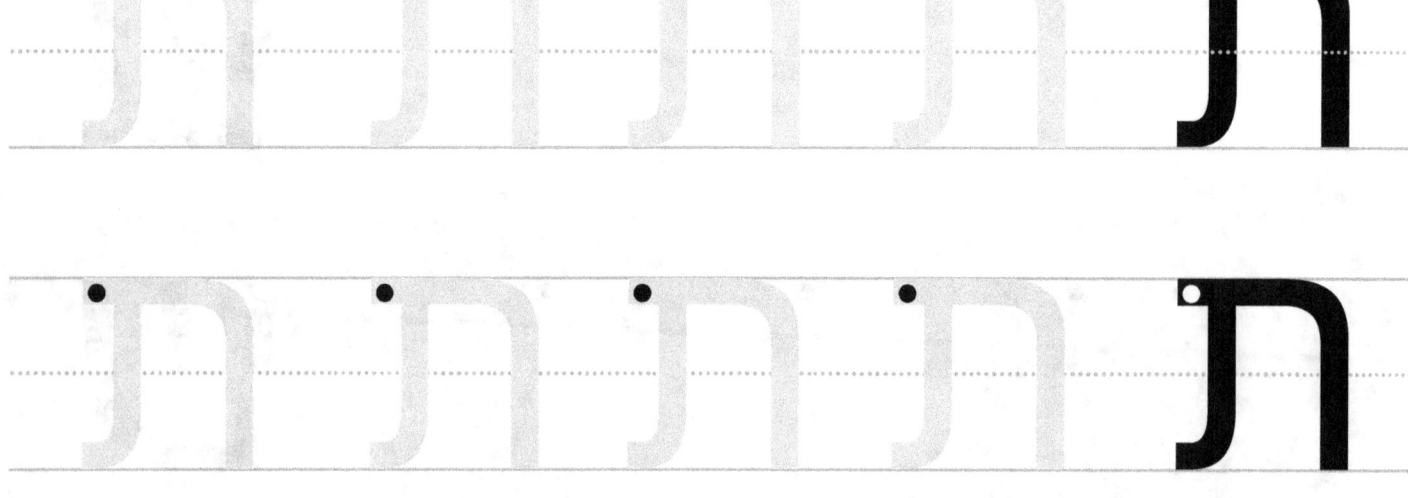

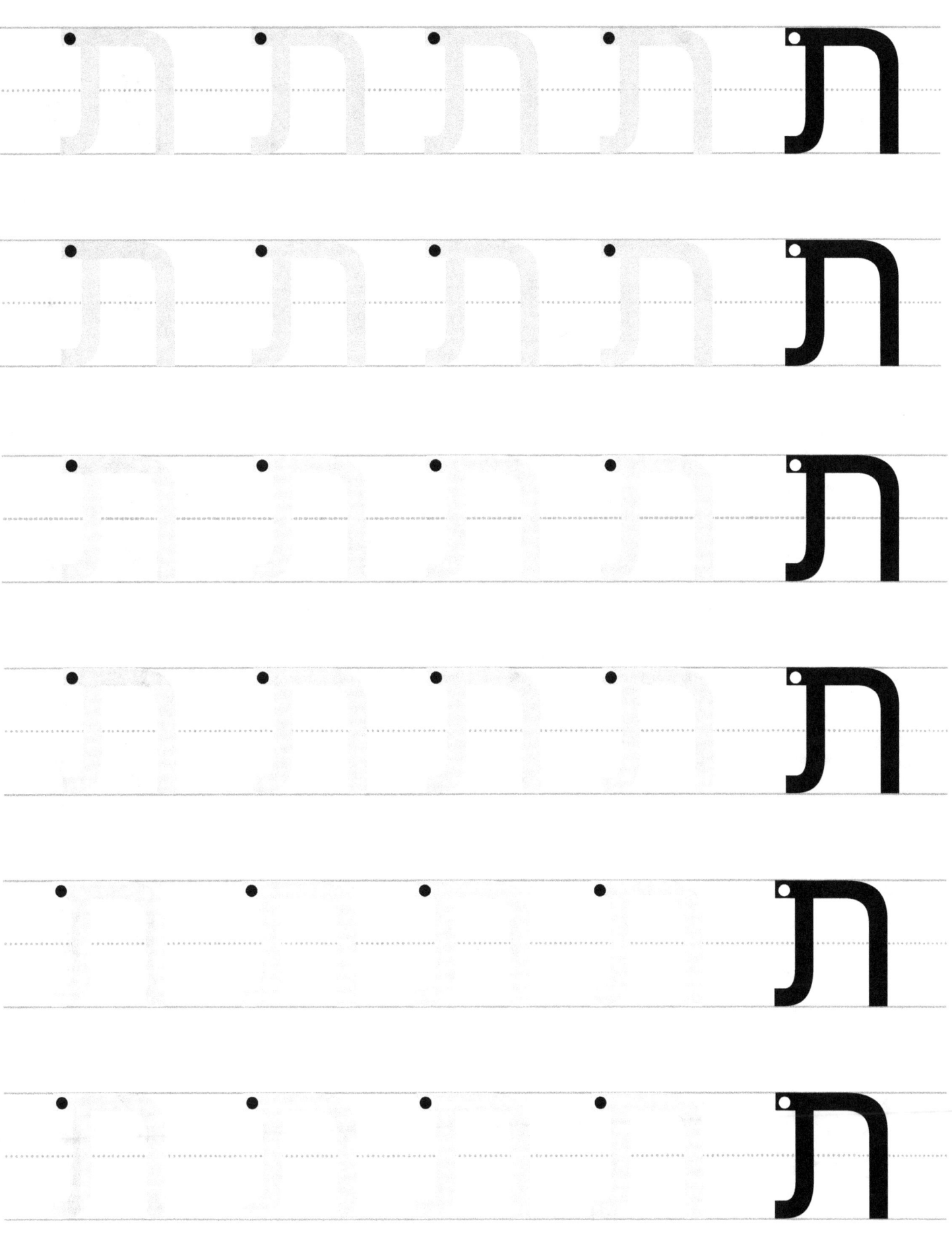

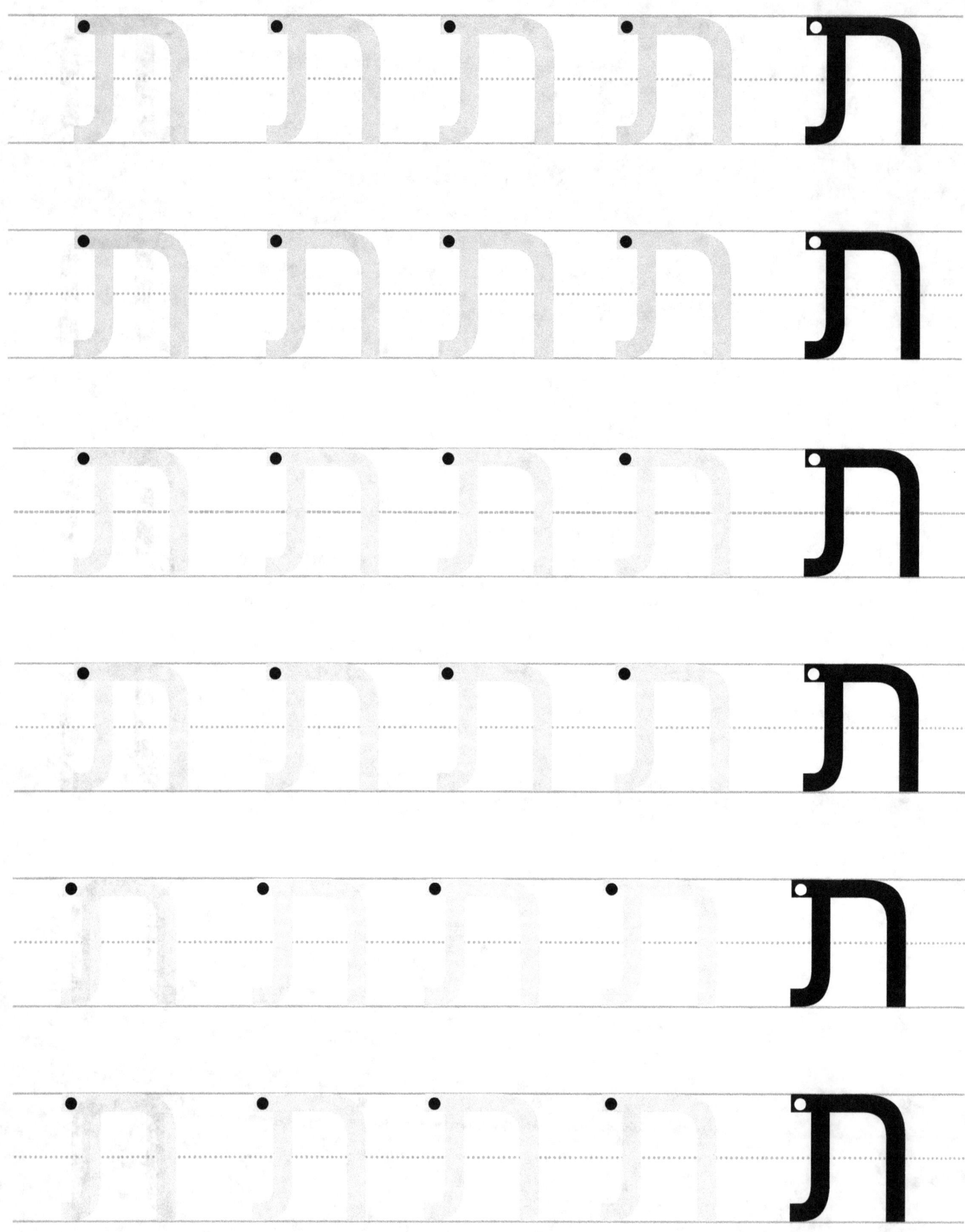

ת ת ת ת ת ת

Alcuni della Nostra Collezione

Se non riuscite a trovare il Libro che fa per voi, fatecelo sapere a :
soumapublisher@gmail.com

Saremo lieti di crearlo e di renderlo disponibile su Amazon
Riceverai una copia elettronica gratuita come ringraziamento

Questo libro è dedicato agli appassionati della scrittura a mano

Se ti piace , Considera l'idea di lasciare una commenta

Per qualsiasi suggerimento, si prega di inviare un messaggio a : soumapublisher@gmail.com

Seguici su Facebook o Pinterest :

 Souma Publisher

 Souma Publisher

Grazie

www.ingramcontent.com/pod-product-compliance
Lightning Source LLC
Chambersburg PA
CBHW08055822O526
45466CB00010B/3190